Comete

La cometa Tsuchinshan-ATLAS comparsa nei nostri cieli nell'autunno 2024. Questa immagine è stata realizzata il 29 ottobre 2024 da Osvaldo Bartolucci con un obiettivo fotografico molto luminoso, da 180 mm di lunghezza focale e diaframma 2,8. Somma di 50 esposizioni di 30 secondi, per un totale di 25 minuti, utilizzando l'obiettivo alla massima apertura (2,8). Cortesia Osvaldo Bartolucci

Walter Ferreri
Comete

Astri insoliti, affascinanti e imprevedibili
ma anche potenzialmente pericolosi

Walter Ferreri
Chieri (To), Italy

ISBN 978-3-031-88971-4   ISBN 978-3-031-88972-1 (eBook)
https://doi.org/10.1007/978-3-031-88972-1

© The Editor(s) (if applicable) and The Author(s), under exclusive license to Springer Nature Switzerland AG 2025

This work is subject to copyright. All rights are solely and exclusively licensed by the Publisher, whether the whole or part of the material is concerned, specifically the rights of translation, reprinting, reuse of illustrations, recitation, broadcasting, reproduction on microfilms or in any other physical way, and transmission or information storage and retrieval, electronic adaptation, computer software, or by similar or dissimilar methodology now known or hereafter developed.
The use of general descriptive names, registered names, trademarks, service marks, etc. in this publication does not imply, even in the absence of a specific statement, that such names are exempt from the relevant protective laws and regulations and therefore free for general use.
The publisher, the authors and the editors are safe to assume that the advice and information in this book are believed to be true and accurate at the date of publication. Neither the publisher nor the authors or the editors give a warranty, expressed or implied, with respect to the material contained herein or for any errors or omissions that may have been made. The publisher remains neutral with regard to jurisdictional claims in published maps and institutional affiliations.

Immagine di copertina: La cometa C/2020F3 NEOWISE ripresa la notte del 16 luglio 2020 da Aldo Tonon con fotocamera reflex APS-C dotata di obiettivo 18-55 regolato sulla focale di 23 mm e diaframma 5,6. Somma di 7 fotogrammi da 30 secondi. Utilizzato un astroinseguitore. Cortesia Aldo Tonon.

This Springer imprint is published by the registered company Springer Nature Switzerland AG
The registered company address is: Gewerbestrasse 11, 6330 Cham, Switzerland

If disposing of this product, please recycle the paper.

Introduzione

Tra i tanti fenomeni che il cielo ci presenta, i più spettacolari sono, indubbiamente, le eclissi totali di Sole e l'apparizione delle grandi comete. Purtroppo, le prime sono molto rare per una stessa località. Per la Terra nella sua globalità se ne verifica una ogni 16–18 mesi, ma per una nazione come l'Italia, dalla superficie di circa 300 mila km quadrati, in media ne avviene una ogni 60–70 anni. L'ultima per il nostro Paese ebbe luogo il 15 febbraio 1961 e la prossima è prevista per il 3 settembre 2081. Tra queste vi è quella del 2 agosto 2027, che lambisce le acque territoriali italiane, a sud di Lampedusa.

Al contrario, una grande cometa è generalmente visibile da gran parte di tutta la Terra e la sua apparizione si verifica *in media* ogni dieci anni. Si tratta, pertanto, del più grande fenomeno astronomico al quale una persona comune ha la possibilità di assistere.

Naturalmente la spettacolarità e le apparizioni imprevedibili delle comete hanno colpito l'umanità già nei tempi antichi; ci vollero purtuttavia millenni prima che gli uomini giungessero a capire di cosa effettivamente si tratta e da dove provengono questi "visitatori" delle regioni interne del sistema solare.

Questo libro, oltre a fornirne un quadro attuale, ripercorre le vicende che hanno portato alla comprensione che noi oggi abbiamo delle comete, ricordando quanto si pensava di esse nell'antichità e nel medioevo. Una strada disseminata di errori e di superstizioni, spazzati via dalla scienza contemporanea, grazie alla quale ora le comete sono visitate da vicino e raggiunte da navicelle spaziali: pura fantascienza fino alla prima metà del secolo scorso!

Sommario

Cos'è e come è fatta una cometa 1

Le tappe fondamentali della ricerca 7

Le comete nell'antichità 17

La "Stella di Betlemme" 23

Dal medioevo all'illuminismo 29

Arriva Edmond Halley 39

Comete famose 43

La cometa di Halley 81

Comete interessanti del nostro secolo 101

Come si osservano e come si scoprono 115

Denominazioni e sigle 125

Nascita e orbite 127

Le comete visitate dalle sonde 143

Incontri ravvicinati e rischi di impatti con la Terra 151

Personaggi importanti nel campo delle comete 163

Bibliografia 165

Glossario 167

Sull'autore

Walter Ferreri, astronomo, ha svolto la sua attività professionale presso l'Osservatorio Astrofisico di Torino occupandosi di asteroidi, comete, telescopi e astrofotografia. Ha scritto decine di libri a carattere astronomico, centinaia di articoli e ha collaborato ad opere enciclopediche, oltre a tenere corsi e conferenze. Dal 1977 al 2017 ha diretto la rivista di astronomia divulgativa "Orione" (poi divenuta "Nuovo Orione"). E' stato intervistato più volte da diversi canali televisivi, in particolare da RAI 3 per il programma "Leonardo".

Nel 1993 ha ricevuto il premio internazionale "Targa Piazzi" alla sua prima edizione e dal 2009 è il direttore del Polo Astronomico di Alpette. Dal 2010 ha avuto la presidenza scientifica per l'organizzazione del premio nazionale "Hodierna".

Nel 1987 l'Unione Astronomica Internazionale gli ha dedicato l'asteroide 3308 (1981 EP), sia per averne scoperti diverse decine (dalle Ande Cilene) che per aver effettuato molti studi su di essi.

Cos'è e come è fatta una cometa

Se dobbiamo fornire una risposta sintetica, didascalica, alla domanda cos'è una cometa, diciamo: un piccolo corpo celeste composto da rocce, polveri, gas e ghiacci gravitante intorno al Sole con orbita quasi sempre ellittica, che quando si avvicina al Sole sviluppa una chioma per sublimazione dei materiali del nucleo e una coda per la pressione del vento e della radiazione solare.

Essa è principalmente formata da ghiaccio d'acqua (18%) e poi, in ordine di abbondanza, monossido di carbonio (10%), anidride carbonica (1%), metano (0,1%), metanolo, formaldeide, ammoniaca, acido solfidrico, gas nobili e ossigeno molecolare. Beninteso le percentuali indicate sono medie e variano da cometa a cometa. Ad eccezione dell'acqua, tutte queste sostanze hanno basse temperature di sublimazione; si trovano in forma solida solo a temperature molto basse.

Le comete sono costituite principalmente da tre parti:

- Nucleo
- Chioma
- Coda

L'insieme del nucleo e della chioma prende il nome di testa.

Il nucleo, nonostante le sue minime dimensioni (tipicamente da 1 a 10 km di diametro) è il corpo principale della cometa, ciò da cui tutto ha origine. La chioma si sviluppa quando la radiazione solare inizia a far sublimare i ghiacci contenuti nel nucleo. Questi, insieme a polvere, vanno a formare un involucro intorno al nucleo. Infine, quando il materiale che costituisce la chioma viene allontanato dal nucleo dal vento e dalla radiazione solare, si sviluppa la coda. La

W. Ferreri, *Comete*, https://doi.org/10.1007/978-3-031-88972-1_1

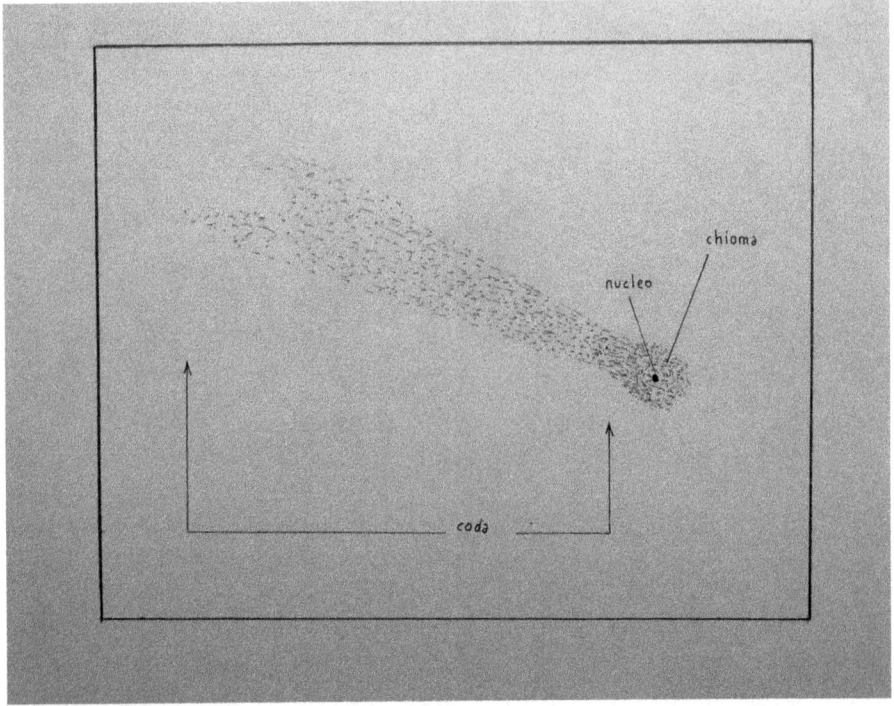

Le tre parti fondamentali di una cometa. Il vero nucleo non è visibile con i telescopi dalla Terra; ciò che si vede è in realtà una condensazione centrale. Disegno dell'autore

coda, pur essendo la componente di una cometa che contiene meno materia, è la più appariscente. Nelle grandi comete, tipicamente la sua lunghezza è nell'ordine delle decine di milioni di km. In realtà di code se ne creano quasi sempre due; una di polveri e una di gas.

Nel 1950 l'astronomo statunitense Fred L. Whipple (1906–2004), uno dei maggiori studiosi di comete di tutti i tempi, che l'autore ha avuto il piacere di conoscere, pubblicò una teoria sulla composizione fisica del nucleo delle comete. Probabilmente allora non immaginava che anche nel nostro secolo il suo articolo sarebbe stato ancora citato nel descrivere un nucleo cometario. Whipple ebbe la felice intuizione di definire "palla di neve sporca" un nucleo cometario, un conglomerato cioè, di gas ghiacciati e di materiali refrattari di svariate dimensioni; una definizione che, tutto sommato, è ancora oggi condivisibile. Questa ipotesi era basata sullo studio spettroscopico dei gas emessi dalle comete al loro avvicinarsi al Sole e sulla considerazione che tutti i processi di evaporazione e sublimazione dalla superficie del nucleo della cometa si esaurivano a distanze comprese tra 2,5 e 3 UA (per il significato di UA vedere

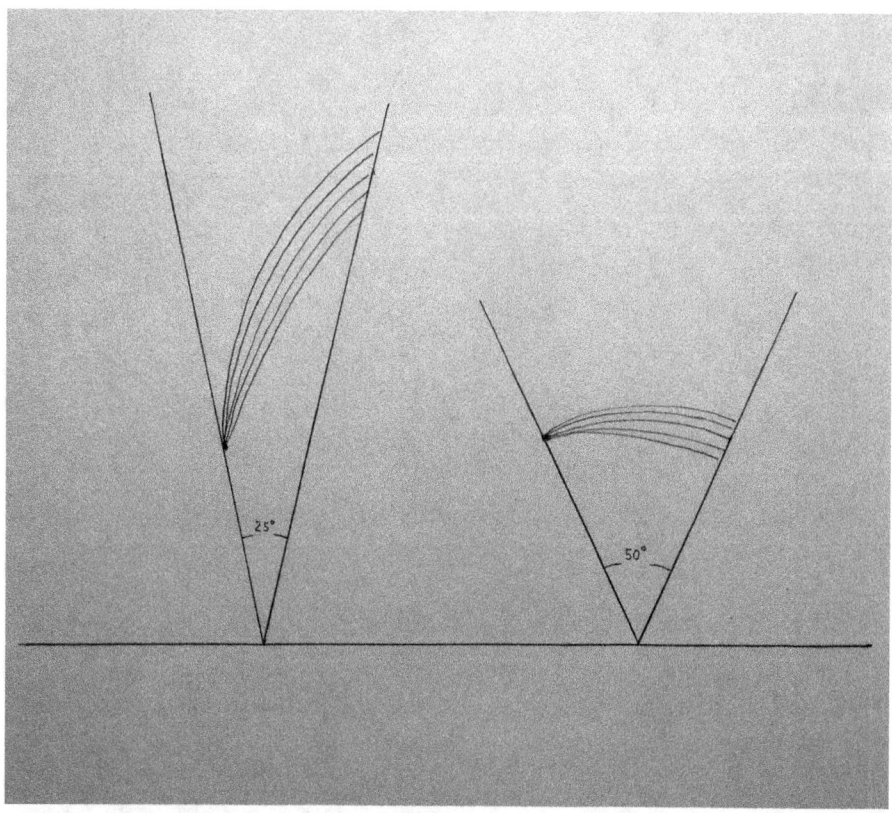

La lunghezza della coda di una cometa non dipende solo dalla sua estensione ma anche da come si presenta ad un osservatore sulla Terra. In questo caso la cometa a sinistra mostra una coda estesa per 25° mentre quella a destra, che ha la coda più corta, esibisce una lunghezza di 50°. Disegno dell'autore

il glossario). Un tale comportamento è compatibile con la termodinamica del ghiaccio, in particolare con il ghiaccio d'acqua. Whipple, come altri studiosi della sua epoca, avevano compreso che la sorgente dell'energia dei processi cometari è il calore solare, che inizia ad essere veramente efficace a distanze di circa 2,5 UA. A distanze anche leggermente superiori generalmente le comete sono ancora inattive e distinguibili dagli asteroidi per lo più sulla base di considerazioni dinamiche.

Però, al diminuire della distanza dal Sole la temperatura superficiale del nucleo aumenta e si innescano processi di sublimazione esplosiva del ghiaccio d'acqua con associato trasporto verso l'esterno di particelle di polvere. I gas neutri che vengono così a prodursi danno luogo alla prima struttura ben visibile di una cometa: la chioma gassosa-polverosa. Una parte del gas emesso

A grandi distanze dal Sole le comete si presentano praticamente puntiformi, come dimostra questa foto della cometa Wild 2 realizzata dall'autore il 9 marzo 1978 con l'astrografo da 20 cm dell'Osservatorio di Torino. Posa di 20 minuti. La cometa è indicata dal triangolino bianco mentre in alto è visibile la nebulosa del Granchio (M1)

I triangolini bianchi indicano tre personaggi del secolo scorso molto importanti nello studio delle comete. In basso a sinistra F. Whipple, in alto B. Marsden, in basso a destra E. Shoemaker; alla sua destra la moglie Carolyn, che fu anch'essa attiva in questo settore. L'autore fece questa foto durante un congresso internazionale di astronomia tenuto a Bellagio (Lago di Como) nel 1993

interagisce con il vento solare ionizzandosi e, divenendo di conseguenza sensibile all'influenza del campo magnetico interplanetario, si allinea lungo le linee di campo magnetico. Questo è il processo che dà luogo alla formazione della coda di plasma, che, a differenza di quella di polveri, spesso arcuata, è tipicamente rettilinea. Già prima delle missioni spaziali i processi fisici che regolano la formazione della chioma e delle code erano sufficientemente noti, in quanto si possono studiare abbastanza bene anche dalla superficie terrestre.

Ora è noto che la luce zodiacale, dovuta alla diffusione di particelle di polvere orbitanti intorno al Sole, è da ascrivere ad una parte della polvere che fugge dal nucleo delle comete nella direzione opposta al Sole. Un'altra parte, invece, si distribuisce lungo l'orbita della cometa, dando luogo ad alcuni sciami meteorici.

In sintesi una cometa è un corpo minore molto poco denso; le dimensioni (del nucleo), come già indicato, sono – in media – comprese fra 1 e 10 km di diametro. Beninteso queste sono le misure più diffuse, ma alcune sono decisamente più grandi, ad esempio la Hale-Bopp del 1997 aveva un diametro compreso fra i 40 e i 50 km mentre molte altre hanno diametri inferiori al chilometro. La densità è sempre molto bassa; in media di 0,5. Questo vuol dire che un decimetro cubo di materiale cometario, sulla Terra, farebbe registrare un peso di $\frac{1}{2}$ kg, la metà di quello dell'acqua. Si tratta di un valore davvero molto modesto se si considera che il pianeta meno denso, Saturno, ha un peso specifico di 0,7 mentre il più denso, la Terra, di 5,5.

Già nel XIX secolo si arrivò a capire che le comete dovevano avere una massa molto modesta; infatti era stato osservato in particolare il passaggio di quelle denominate 1770 I e 1889 V nel sistema dei satelliti di Giove senza che si potesse rilevare la minima perturbazione nel movimento dei suoi satelliti. La spiegazione era soltanto una: la massa delle comete doveva essere, astronomicamente parlando, molto modesta. Per questo già l'astronomo francese Jacques Babinet (1794–1872) le definì "des riens visibles", il nulla visibile.

Le tappe fondamentali della ricerca

Come in molti altri campi della scienza, la conoscenza della costituzione fisica delle comete, ha richiesto molti studi e molti anni, benché già pochi decenni dopo la fine del medioevo Girolamo Fracastoro (1483–1553) mise in evidenza che le code cometarie tendevano a dirigersi in direzione opposta al Sole. Ma per una spiegazione soddisfacente di questo fenomeno si dovette attendere la nascita dell'astrofisica, con la scoperta del vento solare.

Per dare un'idea di quanto fossero arretrate le conoscenze sulle comete ancora nella seconda metà del XVIII secolo, basti dire che nella sua opera monumentale *Histoire naturelle* (Storia naturale) lo scienziato francese Leclerc de Buffon (1707–1788) ipotizzava che i pianeti fossero scaturiti dal passaggio di una cometa in prossimità del Sole. Ovvero, Buffon ipotizzava che essa, passando vicinissima al Sole, gli avesse strappato un po' del suo materiale, dal quale si sarebbero formati i pianeti. Ma, come sappiamo ora, per poter estrarre del materiale dal Sole un astro dovrebbe avere una massa di almeno 100 mila miliardi di volte (!) superiore a quella di una cometa media. Oggi, infatti, sappiamo che la massa di una cometa è tipicamente un decimo di miliardesimo di quella della Terra!

Ad iniziare dall'Ottocento, l'utilizzo del polarimetro prima e del fotopolarimetro poi stabilì che almeno parte della luce delle comete era polarizzata e quindi luce solare riflessa. Questi studi iniziarono quando Dominique François Jean Arago (1786–1853) diresse il suo polarimetro appena messo a punto verso la cometa 1819 II Tralles. Il 3 luglio del 1819 Arago osservò la regione della coda della cometa con un prisma a doppia rifrazione collegato ad un piccolo telescopio. Le due immagini della coda, che rappresentavano due stati di polarizzazione, erano di intensità leggermente differente e questo indicava che

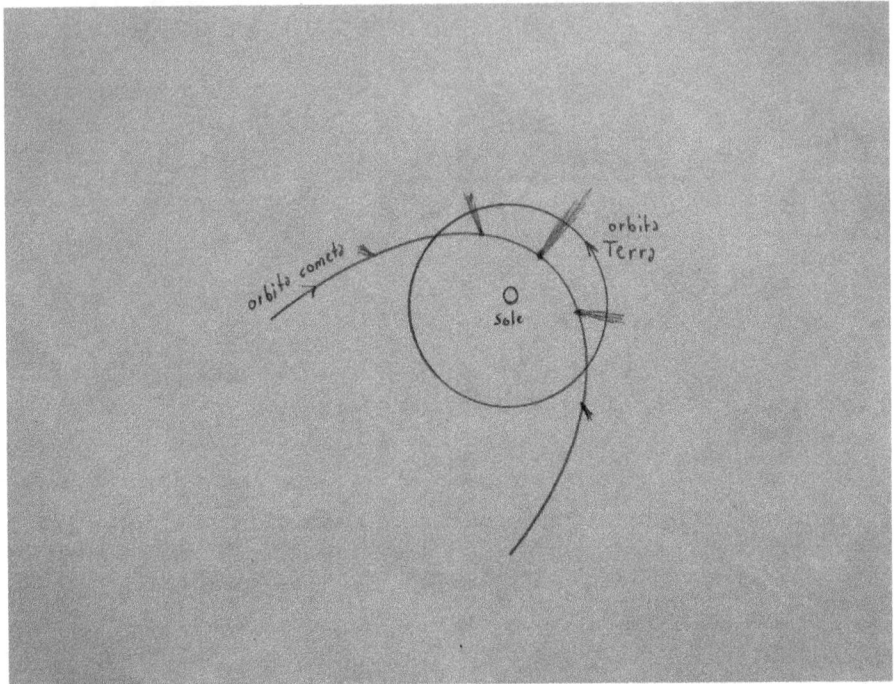

Le code cometarie sono sempre in direzione opposta al Sole. Il vento solare (ed anche la pressione della radiazione solare) allontanano le particelle, le molecole e gli atomi dal nucleo. Disegno dell'autore

almeno parte della luce proveniente dalla coda era polarizzata, e quindi luce del Sole riflessa. Per escludere la possibilità che la leggera polarizzazione fosse dovuta all'atmosfera terrestre, Arago osservò la stella Capella, allora prospetticamente vicina alla cometa e notò che le sue due immagini erano esattamente della stessa intensità. Nell'ottobre del 1835 Arago evidenziò luce polarizzata anche dalla cometa di Halley. Nel 1862 George P. Bond (1825–1865) riportò che luce polarizzata proveniente dalla cometa 1858 VI Donati fu rilevata da diversi osservatori. Tra questi, Emmanuel Liais da Rio de Janeiro e A. Poey a l'Avana riportarono che il piano di polarizzazione passava attraverso la cometa e il Sole e questo indicava che parte della sua luce riflessa era dovuta al Sole. Dalle osservazioni della cometa 1861 II Tebbutt, Angelo Secchi notò che il 1° luglio 1861 la luce proveniente dalla coda e dai getti della cometa era fortemente polarizzata, mentre lo era dal 3 luglio in poi quella proveniente dalla regione nucleare. Le misure di Secchi sulla cometa 1862 III Swift-Tuttle dal 26 luglio al 28 agosto mostrarono che la chioma esterna era fortemente

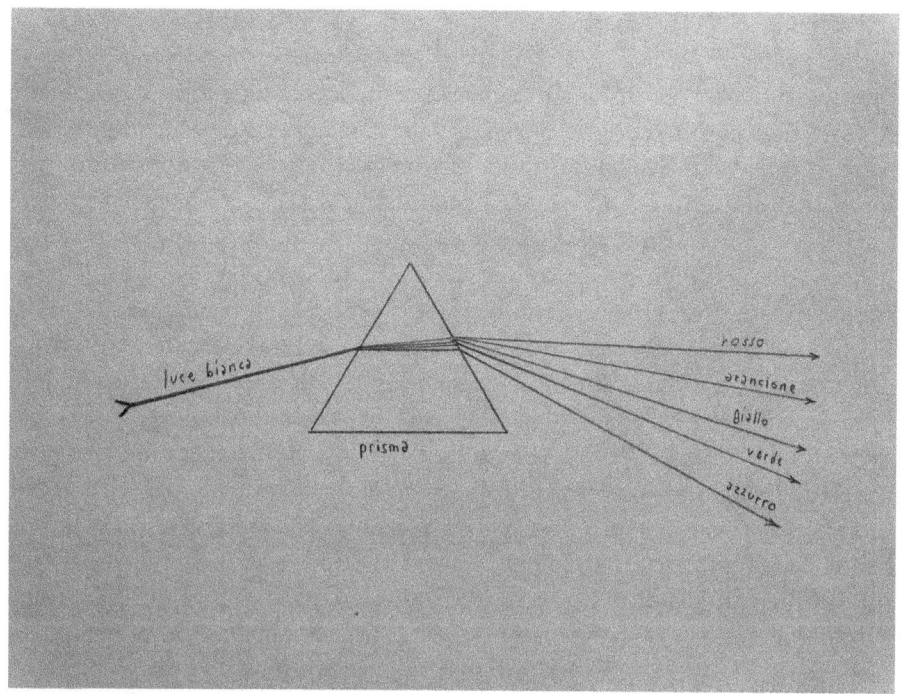

Lo spettroscopio è essenzialmente un prisma che scompone la luce in arrivo nei suoi colori principali. Disegno dell'autore

polarizzata mentre la regione nucleare non lo era per tutto il periodo delle osservazioni.

Risultati analoghi sulla polarizzazione si ebbero quando si ottenne il primo spettro cometario ben interpretabile, poiché esso manifestava lo spettro continuo della luce solare riflessa di tutte le lunghezze d'onda. Questo indicava che la polvere dell'atmosfera cometaria rifletteva la luce del Sole.

Il primo ad ottenere misure dei composti chimici dell'atmosfera di una cometa fu, da Firenze, l'astronomo Giovanni Battista Donati (1826–1873). Le linee dello spettro furono prodotte con un prisma con un angolo di 60°.

Durante le prime ore del 5 e 6 agosto 1864 Donati usò il suo spettroscopio per osservare e disegnare lo spettro della cometa 1864 II Tempel. I disegni di Donati del primo spettro cometario mostrano le tre bande molecolari di Swan (glossario) della C_2, che spesso dominano lo spettro visuale di una cometa. Donati notò che le bande avevano un picco approssimativamente a 474, 516 e 563 nm (nanometri, miliardesimi di metro) e che esse ricordavano lo spettro prodotto dai metalli, ma non fece ulteriori studi per tentare di identificarle.

Poi venne osservata spettroscopicamente la cometa Tempel-Tuttle (1886 I). William Huggins la osservò il 9 gennaio 1866 e notò che la sua chioma aveva uno spettro largo continuo che indicava come la sua luce fosse quella solare riflessa. Egli notò anche che la regione del nucleo mostrava un punto brillante, dovuto ad una sua luminosità intrinseca. Ma poiché questo punto non mostrava alcuna estensione perpendicolarmente alla dispersione dello spettro, Huggins correttamente concluse che esso era troppo piccolo per mostrare al telescopio una dimensione sensibile. Egli osservò solo una banda evidente e, come Donati, non cercò di identificarla. L'8 gennaio 1866 anche Angelo Secchi fece osservazioni spettroscopiche della cometa Tempel-Tuttle e riportò la presenza delle tre bande che Donati aveva visto nella cometa 1864 II. Le loro osservazioni spettroscopiche della Tempel-Tuttle nel 1866 mostrarono chiaramente che essa brillava sia per luce riflessa che per luce emessa. Huggins continuò le sue osservazioni spettroscopiche sulla cometa periodica Tempel 1 (1867 II) e di nuovo notò uno spettro continuo con un accenno di due-tre bande. Sia Huggins che Secchi osservarono spettroscopicamente la cometa periodica Brorsen (1868 I) e, poiché non notarono alcuna linea di Fraunhofer, Secchi concluse che almeno parte della sua luce era intrinseca, non luce solare riflessa. Il 23 giugno 1868 Huggins identificò tre bande con la presenza del carbonio, non solo dalla loro posizione ma anche dalla loro luminosità. Per questo si servì di uno spettro di paragone ottenuto dalla decomposizione di olio d'oliva tramite la scintilla prodotta da un rocchetto d'induzione. Nel 1965 l'astronomo belga Pol F. Swing (1906–1983) fece presente che Huggins fu fortunato perché il profilo delle emissioni cometarie paragonate alle bande prodotte sperimentalmente in laboratorio sono simili solo per la molecola di C_2. Sia Huggins che Secchi ottennero fotografie degli spettri o spettrogrammi della cometa 1881 III Tebbutt. Nonostante che Charles A. Young non realizzasse alcun spettrogramma di questa cometa, le sue osservazioni spettroscopiche visuali condotte a Princeton non solo mostrarono le tre bande della C_2 su uno sfondo continuo ma egli fu pure in grado di isolare una struttura nucleare a forma di getto per esaminarla allo spettroscopio. Le sue osservazioni mostrarono che il getto del nucleo aveva uno spettro continuo.

Nel 1882 due comete passarono molto vicine al Sole e l'intensa radiazione solare permise di identificare in entrambe il sodio atomico (Na). Poiché il fisico tedesco Joseph von Fraunhofer (1787–1826) aveva etichettato queste due linee del sodio con la lettera D, spesso questa emissione si definisce sodio D. La cometa 1882 I Wells l'11 giugno passò a 9 milioni di km dal Sole; la grande cometa di settembre, 1882 II, il 17 di quel mese si avvicinò temerariamente a 1,2 milioni di km dalla nostra stella. In quest'ultima cometa, molto vistosa, i ricercatori Copeland e Lohse osservarono delle linee che attribuirono al ferro. Nel 1927 Sergey V. Orlov (1880–1958) rianalizzò le osservazioni fatte in passato e confermò l'esistenza non solo del sodio ma anche del ferro. Inoltre, Orlov identificò caratteristiche dovute al nickel.

Hermann C, Vogel (1841–1907), lavorando presso l'osservatorio tedesco di Potsdam, osservò lo spettro della cometa periodica Pons-Brooks, 1884 I dal 29 novembre 1883 al 15 gennaio 1884. Egli riportò che il primo gennaio 1884 il suo spettro continuo divenne molto più evidente durante un repentino aumento di splendore della cometa. Egli suggerì che la cometa aveva espulso una grande nube di polvere. L'interpretazione di Vogel è stata confermata dalle osservazioni successive.

Ma lo spettro evidenziava anche che parte della luce era prodotta dalla cometa. Questo è dovuto ad atomi, molecole ed ai cosiddetti ioni – molecole o atomi che hanno perso almeno un elettrone – nella chioma cometaria che è stata eccitata dalla radiazione solare. Cioè negli ioni la carica positiva dei protoni non è completamente bilanciata da quella negativa degli elettroni. Uno ione presenta nello spettro una riga differente rispetto alla stessa molecola non ionizzata. La ionizzazione è così comune che la molecola del monossido di carbonio, CO, nel suo stato neutro è stata osservata solo nelle regioni ultraviolette in poche comete. Invece, il monossido di carbonio ionizzato, CO^+, emette una caratteristica luce blu nella regione del visibile ed è la molecola che si vede nel modo più evidente nelle code gassose.

Gli spettri delle molecole ionizzate e neutre sono complessi. Le molecole emettono protoni con energie corrispondenti a transizioni elettroniche discrete che sono dovute a perdita di energia da parte degli elettroni. Questo processo è reso complicato dalle rotazioni e dalle vibrazioni delle particolari molecole. Le energie vibrazionali e rotazionali sono generalmente più piccole di quelle dovute alla perdita di energia degli elettroni, ma esse possono aggiungersi o sottrarsi a queste. Quindi, invece di linee spettrali separate che ci si aspetta da un atomo eccitato, le molecole eccitate producono linee spettrali note come bande molecolari. Le caratteristiche bande spettrali delle molecole di due atomi di carbonio (C_2) sono spesso chiamate bande di Swan dallo spettroscopista inglese William Swan (1828–1914). I primi spettri cometari osservati nella regione del visibile mostravano spesso una o più bande di Swan con un massimo alle lunghezze d'onda di 474, 516 e 563 nm. Poiché le prime lastre fotografiche erano sensibili soprattutto alle brevi lunghezze d'onda, ovvero, nell'ambito del visibile, alla luce blu, i primi spettri mostravano spesso la banda di 405 nm, dovuta alla molecola di C_3.

Ad iniziare dal XX secolo gli spettroscopi iniziarono ad essere in grado di mostrare sia visualmente che fotograficamente non solo le tre bande molecolari associate al C_2 ma anche bande che in seguito sarebbero state identificate con CH, C_3 e CN. Comunque, fino al 1907 gli spettri ottenuti si riferivano solo alle regioni più brillanti. Il primo spettro affidabile di una coda fu ottenuto dagli astronomi francesi Henri Deslandres (1853–1948) e A. Bernard sulla cometa 1907 IV Daniel. Con pose fra i 30 e i 60 minuti essi furono in grado di identificare deboli bande nelle lunghezze d'onda di 400–404, 423–429 e 452–458 nm. Ora sappiamo che esse sono dovute al monossido di carbonio ionizzato una volta (CO^+). Deslandres e Bernard osservarono anche la coda di ioni quasi pura della cometa 1908 III Morehouse, dove le bande di CO^+ furono rinvenute fino a otto gradi dal nucleo. Rinvenirono anche una banda spettrale a 391 nm, che fu in seguito identificata con la molecola dell'azoto ionizzata una volta (N_2^+). Una teoria che spiegasse la formazione di queste bande negli spettri delle comete venne formulata nel 1911 da Karl Schwarzschild (1873–1916) e Erich Kron. Per spiegare la distribuzione della luminosità nella cometa di Halley essi suggerirono un meccanismo di fluorescenza. Conclusero che le molecole della coda erano eccitate dalla radiazione solare di una particolare lunghezza d'onda e che di conseguenza rimettessero quella stessa lunghezza d'onda o una maggiore per tornare allo stato normale, un processo chiamato risonanza di fluorescenza. Nel suo magistrale lavoro sull'apparizione della cometa di Halley nel 1910 Bobrovnikoff suggerì che i getti uscenti dal nucleo di questa cometa fossero composti principalmente da cianogeno (CN), aggiungendo che questo non era necessariamente il caso per tutte le comete. Ma la comprensione della complessa struttura e l'identificazione delle varie bande molecolari non fecero registrare progressi fino allo sviluppo della meccanica quantistica, alla fine degli Anni 20 del XX secolo.

Gli spettri della regione nucleare della cometa 1941 I Cunningham rivelarono a Pol Swings (1906–1983) e ai suoi colleghi per la prima volta le bande ultraviolette dovute al radicale ossidrile OH a 308–310 nm a NH a 336 nm. Questo fu reso possibile dall'utilizzo del grande telescopio da 208 cm dell'Osservatorio McDonald (Texas). Grazie alla grande quantità di luce raccolta da questo telescopio fu possibile avere un'alta risoluzione spettrale. Essi suggerirono che l'OH probabilmente scaturiva dalla dissociazione del vapore d'acqua a causa della radiazione solare. Nella cometa Cunningham il gruppo di Swings a 630 nm rintracciò anche la banda del NH_2.

Nel 1957 Swings con Jesse L. Greenstein (1909–2002) poté usufruire del telescopio da 5 metri di Mt Palomar e con esso fu in grado di identificare le linee proibite nella cometa 1957 V Mrkos nell'ossigeno neutro alla lunghezza d'onda di 630 nm. Le linee proibite sono quelle che nelle comuni condizioni terrestri non possono verificarsi. Esse possono manifestarsi solo in atmosfere estremamente rarefatte dove le collisioni tra molecole sono rare.

In quegli anni divenne anche chiaro che la pura presenza di bande molecolari in uno spettro cometario significava che i gas erano presenti in uno stato eccitato e che l'ulteriore presenza del continuo nello spettro implicava che la sua atmosfera contenesse anche una superficie solida riflettente.

Nel 1965 apparve una cometa estremamente luminosa: la 1965 VIII Ikeya-Seki, che il 21 ottobre passò a soli 1,2 milioni di km dal Sole. La sua forte luminosità consentì a Eric E. Becklin e James A. Westphal (1930–2004) di effettuare delle osservazioni infrarosse. Essi dedussero che le loro osservazioni a 10 micron erano compatibili con l'emissione di particelle di ferro riscaldate dal Sole. Fu rilevata in modo piuttosto netto la presenza di ferro, nickel, potassio, cromo, manganese, vanadio, cobalto, rame e calcio sia neutro che ionizzato (Ca e Ca$^+$). Inoltre fu possibile identificare magnesio, alluminio, stronzio e ferro ionizzato. Un lavoro teorico del 1964 di due studiosi tedeschi mise in evidenza che se il modello del conglomerato di ghiaccio delle comete di F. Whipple era esatto, allora doveva esserci una vasta chioma di idrogeno intorno al nucleo, con una produzione di 10^{33} fotoni al secondo. Ma questi sarebbero stati emessi nella regione ultravioletta dello spettro, a 122 nm, una lunghezza d'onda osservabile facilmente solo oltre l'atmosfera terrestre.

Nel gennaio 1970 Arthur D. Code (1923–2009) e colleghi diressero lo spettrografo a bordo del secondo osservatorio astronomico orbitante (OAO-2) verso la cometa 1969 IX Tago-Sato-Kosaka e furono in grado di rintracciare l'ipotizzato idrogeno neutro nella chioma che presumibilmente circonda tutte le comete attive. La nube di idrogeno che circondava il nucleo della cometa aveva forma sferica e un diametro di circa un milione di km! Questo idrogeno intorno alla chioma poi, e grazie a OGO-5 (quinto osservatorio geofisico orbitale), venne rinvenuto nella cometa 1970 II Bennett, ma con un diametro di 3 milioni di km, maggiore di quello solare. Il rinvenimento, su questa cometa e sulla 1969 IX, di idrogeno e gruppo ossidrile indicava chiaramente che la molecola madre era quella dell'acqua. Il 12 dicembre 1970 un'altra nube di idrogeno fu trovata intorno alla cometa periodica di Encke.

Da osservazioni infrarosse della cometa 1970 II, un'emissione con un picco a 10 micron fu attribuita a polvere silicata intorno al nucleo. Questa polvere, oltre che di silicio, doveva essere composta di magnesio e ossigeno. Essa fu interpretata come materiale incorporato dalla cometa in regioni interstellari. I materiali rinvenuti nelle comete rafforzarono l'opinione che le piogge di stelle cadenti non fossero altro che materiale disperso dalle comete, poiché già negli Anni 30 Peter M. Millman nello spettro delle meteore aveva rinvenuto silicio, magnesio, ferro, nickel, calcio, alluminio, manganese e cromo.

Con il lancio del satellite astronomico infrarosso IRAS, il 26 gennaio del 1983, fu raggiunta una conoscenza soddisfacente sulla natura delle relativamente grandi particelle di polvere cometarie. Dopo l'osservazione della cometa 1983 VII IRAS-Araki-Alcock, che venne rintracciata il 26 aprile dal satellite IRAS, il team scientifico del satellite analizzò le osservazioni da 12 a 100 micron (millesimo di millimetro). Esse misero in evidenza una coda diretta in direzione antisolare con la presenza di particelle da 10 a 60 micron di diametro ad oltre 400 mila km dal nucleo. Ma la densità era molto bassa. Per la cometa Tempel 2 la densità fu stimata di 10^{-11} per centimetro cubo o una particella in un volume di un cubo da 50 metri di lato.

La cometa 1973 XII Kohoutek venne scoperta quasi 10 mesi prima del suo passaggio al perielio, il 28 dicembre 1973, quindi con molto tempo per mettere a punto osservazioni accurate anche con la stazione spaziale Skylab, il satellite OAO-3 e perfino con la sonda Mariner 10, mentre era in viaggio verso Mercurio. Così si trovò che le particelle della corta coda antisolare, avendo un diametro da 0,1 a 1 millimetro, erano più grandi di quelle della coda convenzionale. Le osservazioni radio con il radiotelescopio dell'osservatorio astronomico radio nazionale (NRAO) da 46 metri dimostrarono la presenza nell'atmosfera della Kohoutek di acetonitrile o cianuro di metile (CH_3CN). Poi venne rintracciato l'acido cianidrico (HCN) e la molecola CH e, in modo evidente, il radicale OH. Analizzando il flusso di alcune irregolarità nella coda di ioni L'americano Charles L. Hyder (1930–2004) e colleghi supposero una velocità di 250 km/sec. per il materiale della coda di ioni. Ne dedussero che il movimento di questi ioni fosse dovuto ad una instabilità risultante da correnti elettriche che fluivano lungo l'asse della coda, dove avrebbe dovuto essere presente un campo magnetico da 100 nT (nanoTesla), o più. Per paragone, l'intensità del campo magnetico terrestre ai poli è approssimativamente di 60 mila nT. Studi teorici avevano previsto nelle code di ioni campi magnetici di 10 nT o meno, prossimi a quelli dell'ambiente interplanetario, dove è di circa 8 nT.

Nella cometa 1974 III Bradfield le osservazioni radio misero in evidenza la molecola neutra dell'acqua. Altenhoff e colleghi, con osservazioni radio, riportarono sulla cometa IRAS-Araki-Alcock emissioni sia da molecole d'acqua che di ammoniaca (NH_3).

Con uno spettrometro ultravioletto a bordo del satellite International Ultraviolet Explorer (IUE) nel 1983 fu possibile identificare sulla IRAS-Araki-Alcock la molecola dello zolfo (S_2), che, quando abbandona il nucleo, ha una vita molto breve, meno di 8 minuti, prima che la radiazione solare la dissoci, quindi essa è osservabile solo nelle regioni più interne della cometa.

La comprensione fisica dei fenomeni cometari fu marcatamente incrementata dagli intensi studi condotti sia a terra che dallo spazio sulle comete Halley e Giacobini-Zinner nel 1985 e 1986.

Grazie ad osservazioni fotometriche fu possibile determinare anche i periodi di rotazione dei nuclei cometari, che, in linea di massima, si attestarono sulle 5–10 ore. Ad esempio, per la cometa periodica Tempel 2 fu determinato un periodo di circa 9 ore; più precisamente David Jewitt e Jane Luu, con osservazioni condotte dal 9 al 15 aprile 1988 determinarono un periodo di 8 ore e 58 minuti.

Se le comete hanno una densità così bassa significa sia che il materiale di cui sono composte non può essere costituito da elementi pesanti sia che tale materiale dev'essere poco compatto.

Ora, grazie soprattutto alle osservazioni compiute da sonde e dal materiale da esse prelevato (!) sappiamo che il nucleo è formato da polvere, roccia e gas ghiacciati, soprattutto anidride carbonica (CO_2), metano (CH_4), ammoniaca (NH_3). Allo stato solido si trova anche l'acqua (H_2O). Oltre a queste sostanze, la polvere che permea le comete è risultata composta da diamante, grafite, corindone, ossido di titanio e silicati (olivina e pirosseno) nonché, in percentuale minore, altre sostanze. L'abbondanza di deuterio rilevata nella Hale-Bopp ha rafforzato l'idea già espressa che le comete siano una delle fonti di acqua sulla Terra, ma in base alle misure compiute dalla sonda Rosetta nel 2015, la quantità di deuterio della cometa 67/Churyumov-Gerasimenko è risultata differente da quella degli oceani del nostro pianeta e questo ha indebolito l'ipotesi che le comete siano state una delle fonti primarie di acqua per la Terra.

Le comete nell'antichità

Poiché gli antichi non avevano i mezzi per appurare la vera natura delle comete, comprensibilmente e prevedibilmente, le loro idee in proposito erano molto lontane dalla realtà. Ma non per tutti. L'ipotesi che fossero di natura celeste era stata già avanzata dagli antichi astronomi caldei, accettata dagli egiziani e sostenuta infine da alcuni greci e da Seneca.

Gli antichi Cinesi osservavano attentamente tali astri, che indicavano con l'espressione Stelle con Scopa, oppure Stelle Scopa o, ancora, Stelle Scintillanti. Probabilmente la più antica registrazione di una cometa appare proprio in un testo cinese, *Il Libro del Principe Huai Nan*, che descrive la marcia del sovrano cinese Wu contro Zhou di Yin (1057 a.C.). Inoltre, è stato rinvenuto a Mawangdui un documento molto importante, il *Manoscritto di Seta* (IV secolo a.C.) che è un vero e proprio catalogo cometario, che riporta 29 tipi di comete, con forme diverse.

I Caldei avevano già intuito la natura celeste delle comete, come sembrano indicare alcune tavolette d'argilla. Diodoro Siculo scriveva che i Caldei interpretavano come segni, positivi o negativi per lo Stato, l'apparizione di comete (nonché le eclissi, i terremoti e i cambiamenti nell'atmosfera).

Per i Pitagorici, nel VI secolo a.C., le comete erano pianeti che, come Mercurio, non si innalzavano molto sopra l'orizzonte per cui si rendevano visibili raramente. Però nel mondo dell'Ellade, verso il quinto secolo avanti Cristo, si era fatta strada l'idea che le comete scaturissero dalle congiunzioni, cioè dall'avvicinamento prospettico, fra corpi celesti. Questo punto di vista era stato avanzato da due filosofi naturalisti nel V secolo a.C., Anassagora e Democrito e sopravvisse fino al grande Aristotele. Quest'ultimo, avendo osservato la comparsa di comete in assenza di congiunzioni, e non avendone vista nessuna formata durante una congiunzione fra Giove e una stella, ne concluse correttamente che non era questa la causa della loro apparizione. Purtroppo (e non poteva essere altrimenti) questo grande filosofo fece anche degli errori. Uno di questi fu il ritenere che le comete facessero parte della nostra atmosfera, riprendendo Senofane di Colofone, che aveva proposto un'idea analoga già nel VI secolo a.C. Ovvero Aristotele, seguito dai Peripatetici, affermò che fossero esalazioni terrestri che si infiammavano nella regione del fuoco e quindi che non fossero astri a tutti gli effetti, essendo corpi appartenenti al mondo sublunare. Tanto è vero che egli le trattò nella sua *Meteorologica* e non nel suo lavoro dedicato al cielo. Ecco alcune frasi inerenti le comete tratte da quest'opera.

Dalla Meteorologica di Aristotele

Noi abbiamo invero supposto che nel mondo intorno alla Terra quella parte situata per prima sotto il moto circolare sia ripiena di un'esalazione secca e calda. ... Quando dunque in tale condensazione viene a generarsi un principio di fuoco, e questo non è tanto forte da produrre celermente un grande incendio e nemmeno tanto debole da spegnersi rapidamente, ma è invece sufficientemente potente e abbondante, e quando nello stesso tempo si viene sollevando un'esalazione che si trovi nelle condizioni opportune, allora si genera questo tipo di cometa, qualunque sia l'eventuale forma che l'esalazione assume.

Noi stimiamo ancora che la natura ignea della condensazione che forma le comete possa provarsi mostrando come, quando esse spariscono si generano per lo più venti e siccità. È chiaro che esse si formano quando ha luogo una grande secrezione di tal genere, in modo che è necessario che allora l'aria sia più secca, e che per la grande quantità dell'esalazione calda l'umido evaporatosi si suddivida e si dissolva poi facilmente condensarsi in acqua ... Così, dunque, come abbiamo detto, quando le comete appariscono più copiose e frequenti, l'annata si manifesta chiaramente secca e ventosa. Quando sono più rare e più piccole la cosa non avviene nella stessa misura; ciò nonostante si ha sempre un aumento di vento sia in durata che in violenza.

Nonostante la grande autorità del suo autore, non tutti i greci di quel periodo condivisero questa idea aristotelica. Ad esempio, Zenone di Cizio sostenne che le comete sono pianeti, ma dalla vita effimera.

È ai greci che si deve il nome "cometa", dal loro "kométes", dal significato di chioma, capigliatura.

Per essere stata espressa circa 2000 anni fa, incredibilmente lungimirante fu l'opinione di Seneca, il celebre filosofo precettore di Nerone che, per ordine di questo imperatore, si suicidò nel 65 d.C. L'ultimo capitolo delle sue *Naturales Quaestiones* è dedicato alle comete. Qui egli scrive che una cometa non è un fuoco ma un astro a tutti gli effetti e che anche se su di esse vi sono molte cose incomprensibili, verrà un giorno un uomo che sarà in grado di dire da dove arrivano e dove vanno, ovvero in grado di spiegare il loro vero moto in cielo. Ecco un passaggio tratto dal sul libro VII delle sue *Naturales Quaestiones* che denota la sua acuta visione: "Dicono che se fossero pianeti si troverebbero nello zodiaco. Ma chi impone ai pianeti un unico corso? Chi può stabilire limiti ristretti alle creazioni divine? Eppure quei medesimi astri che credete essere gli unici a muoversi seguono cerchi differenti: perché allora non ce ne possono essere altri che lontano da quelli seguono una via diversa? Credete che in questo immenso e splendido universo, tra le innumerevoli stelle che ornano la notte in vario modo senza mai lasciare la minima parte vuota ed inattiva, solo cinque astri abbiano il diritto di muoversi liberamente e che tutti gli altri restino là, come una folla fissa ed immobile? Se ora mi si chiede perché non si è trovata l'orbita delle comete come si è fatto con i pianeti, ecco che cosa rispondo. C'è un'enormità di cose che sappiamo che esistono e che non sappiamo che cosa sono. Perché stupirci se per le comete, delle quali la natura ci offre spettacolo così raramente, non abbiamo ancora trovato una legge che le regoli e non sappiamo dove comincia e dove finisce un giro che le fa ritornare dopo immensi intervalli di tempo?" Ed ecco un altro passo di Seneca: "(La Natura) ci presenta le comete piuttosto di rado, ed ha assegnato loto località diverse, tempi diversi, moti differenti da quelli degli altri astri; anche per mezzo delle comete ha voluto rendere omaggio alla grandezza della propria opera. Il loro aspetto è troppo incantevole perché lo si possa credere casuale, e questo è vero sia che si considerino le loro dimensioni sia che si tenga presente il loro fulgore, che è più grande e più acceso di quello degli altri astri. Il loro aspetto in verità ha un qualcosa di notevole e di singolare, perché non è concentrato e costretto in breve spazio, ma si estende piuttosto liberamente e abbraccia un'area occupata da un gran numero di stelle."

Ma l'autorità di Aristotele era soverchiante e si affermò l'idea che fossero fenomeni atmosferici: vennero quindi "bandite" dalle sfere celesti. Per altri erano le anime dei grandi uomini che salivano al cielo.

Ed ecco altre vedute strane sulle comete. Secondo il filosofo Panezio di Rodi (185–110 a.C.) esse non esistevano realmente ma erano una falsa apparenza prodotta dai raggi del Sole riflessi nel concavo dei cieli, come in uno specchio. Anassagora, Democrito e Artemidoro credevano che lo spazio fosse popolato da piccoli pianeti invisibili, i quali accumulandosi qualche volta in gruppi considerevoli, dovevano produrre quel chiarore continuo che distingue le comete. E così Eraclide Pontico sentenziò che le comete fossero delle nuvole assai elevate raggiunte dalla luce del Sole, della Luna e delle stelle. Secondo Strabone di Lampsaco le comete erano dei fuochi avviluppati in nebbie trasparenti in modo da produrre l'apparenza di una lanterna.

In ogni caso, indipendentemente da quale fosse la loro origine e da quale fosse la loro posizione in cielo, si affermò l'idea che l'apparizione di comete fosse un segno del cielo per comunicare un qualcosa di rilevante all'umanità, sia in senso positivo che in quello negativo, quindi, ad esempio, la nascita di un re, una vittoria, una carestia, la morte di un personaggio importante, ecc. Ad esempio, una cometa apparsa nel 371 a.C. e descritta da Aristotele, annunciò, secondo Diodoro Siculo, la decadenza dei Lacedemoni. Plutarco riferisce che la cometa del 344 a.C. fu per Timoleone da Corinto il presagio del successo della spedizione che egli diresse in Sicilia.

Plinio il Vecchio (23–79) nella sua *Naturalis Historia* ricorda anche le comete. Citandole, egli ignora Seneca mentre condivide le idee di Aristotele, ma non parla delle comete quando descrive il mondo sublunare, ma nella parte dedicata agli astri e attribuisce ad esse non solo influenze meteorologiche ma anche astrologiche.

Dal Libro II di Plinio il Vecchio
Si ritengono importanti le direzioni verso cui la cometa sfreccia, la stella che esercita influsso su di lei, la forma cui assomiglia, e i punti in cui sbuca fuori. Se ha l'aria di un flauto, si dice che il presagio tocchi l'arte musicale; ma riguarda comportamenti osceni se appare nelle zone vergognose delle costellazioni; spiritualità e cultura se forma un triangolo equilatero o un rettangolo rispetto alla posizione di qualche stella fissa, e sparge veleni se si trova nella testa del Serpente boreale o australe.

Tra l'altro Plinio attribuì all'apparizione di una cometa, nel 48 a.C., la causa della guerra civile tra Giulio Cesare e Pompeo. L'opera di Plinio fece testo fino a tutto il Rinascimento ed era diffusa ancora nell'Europa del XVII secolo. Così, ancora nel Cinquecento e Seicento molte persone, più o meno colte, sulle comete continuavano ad essere condizionate dalle idee di Plinio.

Da notare che secondo le vedute antiche il cielo "non si scomodava" per segnalare la nascita o la morte di persone comuni, ma solo di quelle più altolocate o, come diremmo oggi, di un vip. Sembra che i Romani credessero seriamente che la grande cometa apparsa nel 43 a.C. (l'anno seguente alla morte di Cesare) fosse proprio l'anima del grande condottiero romano. Ecco, in proposito, cosa dice il poeta Ovidio (43 a.C. – 17 o 18): "Venere discende dalle eteree sfere, invisibile a tutti gli sguardi, e si ferma in mezzo al Senato. Stacca l'anima dal corpo di Cesare, le impedisce di evaporare e la trasporta nella regione degli astri. Man mano che si eleva, la dea la sente trasformarsi in una sostanza divina e farsi di puro fuoco. Essa la lascia sfuggire dal suo seno. L'anima vola al di sopra della Luna e diventa una stella molto splendente che trascina sopra un lungo spazio la sua capigliatura infiammata."

Spesso gli scrittori antichi dipingevano le comete sotto forma di figure che incutevano timore o di colore rosso sangue, come quella di cui parla lo storico Flavio Giuseppe, apparsa durante l'assedio di Gerusalemme. A questa cometa, apparsa nell'anno 66, venne attribuita la caduta della città in mano ai Romani, avvenuta nel 70. Di essa Plinio scrive che: "aveva una bianchezza talmente smagliante che a mala pena vi si poteva fissare l'occhio."

Lo storico Svetonio dà la responsabilità delle nefandezze commesse da Nerone ad una cometa. Così Dione Cassio ci informa che: "Parecchi prodigi precedettero la morte di Vespasiano: una cometa rimase lungo tempo in vista."

Più spiritoso fu l'imperatore Vespasiano (9–79) che, secondo quanto scrive Dione Cassio, non prese molto sul serio i presagi che gli venivano riferiti a proposito dell'apparizione di una cometa con una grande coda. Infatti egli ironizzò dicendo che l'astro chiomato non poteva riguardare la sua persona, essendo egli calvo, ma piuttosto la folta capigliatura del re dei Parti. Quindi doveva essere quest'ultimo l'oggetto di eventuali pronostici poco favorevoli!

Venne poi affermato che, poco prima della morte di Costantino il Grande, apparve, quasi come un annuncio, una cometa di notevole splendore. Ecco come ne da notizia lo storico Eutropio: "Preparavasi a movere contro i Parti, che già infestavano la Mesopotamia, quando mancò di vita in una pubblica villeggiatura di Nicodemia l'anno del suo regno trentesimo primo, e dell'età sessantesimo sesto. La sua morte fu pronosticata anche da un astro crinito di smisurata grandezza, che per alcuno tempo fu veduto risplendere, da' Greci appellato Cometa."

È noto che Costantino I, detto il Grande, fu imperatore romano dal 306 al 337. Caduto malato, qualche mese prima di morire si recò a Nicodemia nella speranza di poter guarire grazie ai suoi bagni caldi, ma li morì il 22 maggio dell'anno 337. Nella grande opera *Cometographie* del Pingré (pubblicata in due volumi nel 1783 e 1784) si legge effettivamente che una cometa apparve nell'anno che precedette la morte di Costantino, cioè nel 336. Venne avvistata per la prima volta il 16 febbraio e rimase visibile almeno per 2 mesi, forse 3 o più. L'intervallo di tempo fra l'apparizione dell'astro e la morte di Costantino può stimarsi all'incirca di un anno.

La "Stella di Betlemme"

Parlando delle comete dell'antichità non si può tralasciare di affrontare il tema della "Stella di Betlemme", che per molti fu una cometa.

Come è noto, la "Stella" che annunciò la nascita del Messia è stato un fenomeno di considerevole interesse e oggetto di studio per molti secoli. Ma prima di continuare precisiamo che sotto la voce "stella" gli antichi intendevano anche le comete, le meteore e perfino i raggruppamenti di due o più pianeti (congiunzione).

I principali riferimenti alla "Stella di Betlemme" si trovano nel Vangelo di S. Matteo in cui è scritto: "Nato Gesù in Betlem di Giuda, al tempo di re Erode, ecco, dei Magi arrivarono dall'oriente a Gerusalemme e domandarono: dove è nato il re dei Giudei? Poiché abbiamo visto la sua stella in oriente e siamo venuti per adorarlo". Degli studiosi del secolo scorso hanno fatto presente che la traduzione del testo greco "in oriente" è errata e che dev'essere sostituita con "alle prime luci dell'alba". Il Vangelo di Matteo continua con: "Allora Erode, chiamati in segreto i Magi, volle sapere da loro minutamente da quanto tempo la stella era loro apparsa... Essi, udito il re, partirono; ed ecco, la stella, che avevano veduto in oriente. Li precedeva, finché, giunta sopra il luogo ove era il fanciullo, si fermò. Vedendo essi la stella, furono ripieni di una grande gioia..."

Da questo secondo passo si può dedurre che non furono in molti a vedere la stella e certamente Erode e gli abitanti di Gerusalemme non l'avevano scorta. Inoltre dal fatto che vi si dice che la stella "li precedeva" e "si fermò", si può pensare a due momenti diversi. Inoltre, già da lungo tempo era stato profetizzato che una stella sarebbe stata associata alla nascita del Messia.

Ma, prima di continuare, precisiamo che i Magi erano probabilmente sacerdoti dello Zoroastrismo (e non re), che si occupavano anche di magia, astrologia e interpretazione dei sogni. Si ritiene che il loro luogo di provenienza fosse la zona che va dalla Caldea all'Assiria ed essi infatti furono anticamente rappresentati in abiti persiani. In quelle regioni l'astronomia e l'astrologia erano praticate già da secoli, per cui nessun evento celeste straordinario ed il suo significato sarebbero sfuggiti agli astronomi-astrologi dell'epoca. Inoltre anche i libri profetici ebraici erano ben noti in quelle regioni e quindi i Magi avrebbero avuto a disposizione tutti i dati per interpretare correttamente l'evento astronomico in questione.

Un altro riferimento alla Stella non si trova nella Bibbia, ma nel Protovangelo di Giacomo, omesso quando la Bibbia fu completata. In esso i Magi dissero a Erode: "Noi abbiamo visto come una stella indescrivibilmente grande abbia brillato in mezzo a queste stelle, oscurandole, tanto che esse non brillavano più, e così noi abbiamo saputo che un re era nato per Israele ... Ed ecco la stella che essi avevano visto in oriente li precedeva, finché essi giunsero alla grotta. Ed essa si fermò sopra il capo del fanciullo." Questo passo accenna alla luminosità della Stella, ma se essa era tale da oscurare le altre, come mai nessuno a Gerusalemme l'aveva vista?

La Stella fu certamente un fenomeno di una certa durata per poter accompagnare i Magi durante il loro viaggio e questo depone a sfavore di una cometa, che avrebbe dovuto essere stata vista anche a Gerusalemme. E, a questo punto, vale la pena di considerare anche altri eventi astronomici, come l'apparizione di novae e congiunzioni tra astri luminosi. Ma, per poterlo fare, è fondamentale prima di tutto datare l'evento. Si dice che Gesù nacque al tempo di Erode che, secondo lo storico Giuseppe Flavio morì alcuni giorni dopo un'eclisse di Luna visibile alcuni giorni prima della Pasqua. L'eclisse deve essere stata quella avvenuta nella notte tra il 12 e il 13 marzo del 4 a.C. La Pasqua fu l'11 aprile e quindi la morte di Erode avvenne tra il 12 marzo e il 13 aprile del 4 a.C. Cristo nacque prima di questa data, ma presumibilmente non aveva più di due anni. Quindi gli anni più probabili sono il 5 e il 6 a.C. Per quel che riguarda il giorno in cui avvenne la nascita occorre dire che la data del 25 dicembre, fissata nell'anno 336 d.C., fu scelta soltanto per rendere cristiana la festa pagana del solstizio d'inverno, che era ancora celebrata anche dai cristiani dell'epoca. Di conseguenza la data dell'anno non è da prendere in considerazione.

A questo punto, prendendo come buoni gli anni 5 e 6 a.C. vediamo quali comete potrebbero corrispondere. La più famosa, la Halley, apparve nel 12 a.C., come confermato dalle cronache cinesi, pur non essendoci alcun documento occidentale che ne parli. Nel 12 a.C. fu visibile dal 25 agosto vicino ai Gemelli fino al 1° novembre nello Scorpione. Ma questa data è troppo precedente ai fatti, nonostante la loro approssimazione. Sarebbe invece apparsa in uno dei due anni "giusti" una cometa resasi visibile nel 5 a.C. e della quale purtroppo si hanno solo vaghe osservazioni. Questa cometa attirò particolarmente l'attenzione di uno studioso italiano del secolo scorso (Alfonso Fresa). Il Fresa partì innanzitutto dal presupposto, che non tutti condividevano, che fosse logico intravedere nella stella dei Magi una cometa. Egli, esaminando un catalogo di questi astri erranti apparsi entro una decina di anni a cavallo della presunta nascita di Cristo, fu attirato da una vista nell'anno 749 dalla fondazione di Roma ovvero del 5 a.C. Purtroppo di questa cometa le notizie sono scarse. Il Williams nel suo lavoro pubblicato a Londra nel 1781 *Observations of Comets from B.C: 611 to A.D. 1640* riporta che per questa gli annali cinesi riportano: "Sotto il regno dell'imperatore Gae Te, il 2° anno dell'epoca Keen Ping, 1° 2° Luna, una cometa apparve in Keen New (regione del cielo che comprende le stelle Alfa e Beta Capricorni) per circa 70 giorni." Seguendo un certo criterio di discriminazione il Fresa è giunto a supporre che questa sia una cometa periodica con un periodo orbitale di 385 anni, che si inquadrerebbe fra i probabili ritorni della Finsler, che quando Fresa fece le sue ricerche era nota con la sigla 1924c. Nonostante le scarne descrizioni, il Fresa ha tentato di determinare la data del passaggio al perielio con una certa precisione, come fecero gli astronomi Cowell e Crommelin per la cometa di Halley. Il risultato fu raggiunto solo dopo un laborioso calcolo delle perturbazioni generali causate dai pianeti sull'orbita della cometa. Il Fresa tenne conto del fatto che il passaggio al perielio delle comete osservate nell'antichità (ovviamente visualmente) era più o meno vicino all'epoca di visibilità e quindi non si sbagliava di parecchio assumendo per l'epoca di tale passaggio una data prossima a quelle comprese nel periodo di visibilità, tra il 5 marzo e il 14 maggio. In base ai suoi calcoli il Fresa arriva a scartare come data del passaggio al perielio quella della scomparsa perché tenendo conto delle successive posizioni della cometa e della Terra (sempre in base ai suoi risultati) la cometa sarebbe andata rapidamente avvicinandosi alla Terra e quindi sarebbe stata vista per molte settimane dopo la metà di maggio, contrariamente a quanto riportato nella registrazione degli annali cinesi. Lo stesso studioso arriva anche a ritenere poco probabile una data intermedia, concentrandosi in quella dell'apparizione o di qualche giorno prima. Così arriva alla data del 5 marzo, quando la cometa distava dalla Terra all'incirca 180 milioni di km, riducendosi a 135 milioni al nodo discendente, ovvero quando la cometa attraversava l'orbita terrestre da nord a sud. Poi la cometa è andata lentamente allontanandosi dalla Terra, ma crescendo nello stesso tempo la distanza dal Sole, la sua luminosità è andata notevolmente diminuendo fino a scomparire del tutto alla vista. Al termine delle sue ricerche il Fresa conclude: "Si può concludere che l'ipotesi del passaggio al perielio intorno al 5 marzo è la più attendibile. Rimane ora da esaminare il moto della cometa fra le stelle, alla luce del Vangelo di S. Matteo. All'atto dell'apparizione della cometa l'astro non era ancora in congiunzione col Sole, per cui era visibile a ponente dopo il tramonto del Sole. Col diminuire della sua longitudine (la cometa ha moto retrogrado) si avvicina alla congiunzione, l'oltrepassa e quindi diventa astro del mattino. Diminuendo ancora la sua longitudine, la cometa è visibile ancor più nella notte fino alla luce dell'alba. Da Gerusalemme a Betlemme i Magi avanzano dalla parte di sud-ovest, proprio dalla stessa parte ove si sposta la cometa, la quale si abbassa sempre più sull'orizzonte (la sua latitudine celeste è nulla al nodo discendente, cioè verso i primi di maggio) e per il moto apparentemente prospettico, la cometa sembra fermarsi."

Ma un certo numero di studiosi non condivide l'ipotesi cometaria ma propende per un altro fenomeno celeste, ovvero per l'apparizione di una nuova stella (una nova) o per una congiunzione planetaria. A questo proposito si parla di una nova apparsa nel 5 a.C. ed un'altra a fine febbraio dell'anno 4 a.C. Della prima stella nuova, non avendosi notizie più precise, non è possibile farsi alcuna idea; della seconda, comparsa nella costellazione dell'Aquila, si deve notare che essa in febbraio e marzo, in Babilonia, si sarebbe presentata verso levante, cioè proprio in direzione opposta a quella seguita dai Magi, indi verso sud, intorno alle ore 9–10 locali, cioè praticamente invisibile, tramontando poi verso ovest intorno alle 15–16 locali, pertanto sempre non osservabile a causa della luce diurna. Quindi, a nostro avviso, questa interpretazione della "Stella dei Magi" non è sostenibile.

Come spiegazione alternativa a quella della comparsa di una cometa una certa credibilità ha invece la congiunzione fra due pianeti luminosi, anche perché la più antica redazione finora nota del Protovangelo di Giacomo, nel papiro Bodmer V, afferma, in linguaggio non tecnico, che furono visibili due pianeti che sorgevano insieme ed uno di essi (probabilmente Giove) fu interpretato dai Magi come la Stella che annunciava il Messia. Questa interpretazione è corroborata dalle seguenti parole tratte dalle cronache della Worcester Priory del 1377 su una congiunzione fra Giove e Saturno in Acquario del 1285: "*it had not happened since the Incarnation*" (non era successo dall'Incarnazione), cosa che suggerisce come nel Medio Evo l'evento fosse interpretato come una congiunzione tra i due pianeti. In particolare non si sarebbe trattato di una congiunzione semplice fra i due pianeti giganti ma di una congiunzione tripla. Anche il grande Keplero nel 1614 sosteneva tale teoria Questa si verifica quando Giove – più veloce – raggiunge Saturno passandogli vicino. Poi, a causa del moto della Terra, Giove sembra tornare indietro (retrogradare) e ripassare in prossimità di Saturno. Infine lo sorpassa definitivamente con moto

Giove (il più luminoso) e Saturno (in alto) durante la tripla congiunzione del 1980–1981. Questa fotografia è stata ottenuta dall'autore il 4 marzo 1981 con l'astrografo da 20 cm dell'Osservatorio di Torino. Allora i due pianeti distavano tra di loro 1°. Da "Orione", vol. 2°, pag. 184. Cortesia Il Castello

diretto. Il calcolo mostra che una triplice congiunzione fra questi due pianeti ebbe luogo nel 7 a.C.

L'ultima si ebbe nel 1980–1981 e la prossima si avrà nel 2238–2239.

Infine, secondo un'ulteriore interpretazione la "Stella di Betlemme" non dovette essere né una congiunzione di pianeti, né una cometa, né un altro fenomeno astronomico naturale. Già Tycho Brahe nel XVI secolo scriveva: "*Stella ista quae in Oriente Magis apparuit non erat de coelestium astrorum genere…*" (La stella fissa apparsa in Oriente non era dell'ordine delle stelle celesti) e il cometografo A. G. Pingré, nella sua opera monumentale "*Cométographie*", a proposito della creduta cometa dei Magi scriveva: "*Elle est étrangère à mon sujet, et il est inutile que je m'arrete à discuter en quel temps et combiens de temps elle a paru*" (Essa è estranea a questo argomento ed è inutile che mi soffermi a discutere in quale ora e combinazione di orari sia apparsa).

Poiché secondo il racconto biblico si tratterebbe di un'apparizione miracolosa visibile, come pare, soltanto a pochi privilegiati, con ogni verosimiglianza la "Stella di Betlemme" non dovette essere né una congiunzione di pianeti, né una cometa, né altro fenomeno astronomico naturale. Ovvero, come ritiene l'autore di questo libro, essa sarebbe di natura simbolica e non fisica.

Dal medioevo all'illuminismo

Per Medioevo intendiamo il periodo storico compreso dalla caduta di Roma (476) alla scoperta dell'America (1492), mentre con illuminismo il movimento filosofico-culturale del XVII secolo che si proponeva di combattere l'ignoranza, il pregiudizio, la superstizione, applicando l'analisi razionale a tutti i campi dell'esperienza umana.

Abbiamo visto che nell'antichità l'apparizione di una cometa era per lo più interpretata come un messaggio del cielo per segnalare un evento importante, sia in senso positivo che negativo. Nel medioevo, invece, l'apparizione di questi astri assunse essenzialmente una connotazione negativa; quindi essi apparivano per segnalare la morte di un re o di un principe, l'arrivo di una pestilenza o di una guerra. Erano considerate castighi di Dio e anche messaggere del diavolo. Se possibile, il medioevo rincarò la dose sulle fantasie che aleggiavano intorno alle comete nell'antichità. In particolare, doveva necessariamente esserci una cometa alla morte di un personaggio importante. Così ne sarebbero apparse per indicare la scomparsa di Meroveo (577), di Maometto (632), di Carlomagno (814), di Luigi l'imbecille (837), dell'imperatore Luigi II (875), del re di Polonia Boleslao I (1024), di Roberto re di Francia (1033), di Casimiro re di Polonia (1058), di Enrico I re di Francia (1060), di papa Alessandro III (1181), di Riccardo I re d'Inghilterra (1198), di Filippo Augusto (1223), dell'imperatore Federico (1250), dei papi Innocenzo IV (1254) e Urbano IV (1264), di Gian Galeazzo Visconti duca di Milano (1402), di Carlo il Temerario (1476), di Filippo il Bello, padre di Carlo V (1505), di Francesco II re di Francia (1560). Questi collegamenti si facevano anche a distanza di uno o due anni dall'apparizione. Poiché, in media, appare una cometa visibile ad occhio nudo ogni 3–4 anni, era facile trovarne quasi sempre qualcuna da collegare alla morte di un personaggio importante.

Le descrizioni erano, poi, davvero inverosimili o quantomeno fantasiose. Ecco, ad esempio, cosa ci dice lo storico Niceta della cometa del 1182: "Una cometa apparve nel cielo simile ad un tortuoso serpente, ora essa si allungava, ora si ripiegava sopra sé stessa, ora, con grande spavento di chi la vedeva, essa apriva una vasta gola; si sarebbe detto che, avida di sangue umano, fosse in procinto di saziarsene."

Forse il primo celebre astronomo medievale fu il teologo benedettino inglese Beda il Venerabile (circa 673–735). Beda, nonostante fosse una delle figure più illuminate dei suoi tempi, affermava che le comete cambiavano lo stato delle cose ed erano foriere di pestilenze e guerre, nonché di venti e di calure. Per Beda esse non apparivano mai nel cielo occidentale, ma quasi tutte a nord e usualmente nella Via Lattea. Alcune si muovevano come pianeti mentre altre rimanevano stazionarie, con una visibilità che nel tempo si estendeva da un massimo di 80 ad un minimo di 7 giorni. Da queste vedute emerge chiaramente come Beda seguisse le indicazioni di Aristotele e di Tolomeo. Intorno all'anno 1000 un certo numero di trattati astronomici iniziò ad essere tradotto dal greco al latino. Questo avvenne generalmente ad opera di studiosi che avevano visitato monasteri spagnoli e che si erano avvalsi delle traduzioni arabe dai primi scritti greci. La diffusione di questi scritti in Europa fu agevolata dalle Crociate del dodicesimo secolo che misero in collegamento l'Europa Occidentale con il Medio Oriente. Il primo lavoro ad essere tradotto in latino fu la *Meteorologica* di Aristotele nel 1156 grazie a Enrico Aristippo, arcidiacono di Catania. Quattro anni dopo fu il turno dell'*Almagesto* di Tolomeo. Nel 1200 i lavori di Tolomeo e Aristotele erano disponibili in latino e quindi accessibili nell'Europa Occidentale. La Chiesa abbracciò queste idee sia perché apparivano logiche sia perché compatibili con le scritture. Così per la Chiesa le indiscutibili autorità di quanto scritto da Aristotele e Tolomeo non solo vennero insegnate ma anche dichiarate incontestabili. Con queste venute appare comprensibile che il teologo Alberto Magno (1193–1280) definisse le comete come densi vapori terrestri che gradualmente si elevavano dalle regioni inferiori dell'aria fino a quelle superiori per giungere a lambire della superficie concava infuocata del cielo. A questo punto le comete si incendiano e rimangono visibili fino a quando vi sia materia per alimentare l'incendio. Alberto considerò le comete come segni e non cause di eventi nefasti. Per lui esse non potevano causare la morte dei potenti poiché i vapori si possono elevare sia da una regione dove vive uno di essi che da dove vivono i poveri. Alberto e il suo allievo Tommaso d'Aquino (circa 1225–1274) elaborarono una sintesi della scienza aristotelica ed una della teologia cristiana. La matematica di Tolomeo fu uniformata all'astronomia concettualmente più semplice e più qualitativa di Aristotele. Alberto alimentò le paure per le comete scrivendo che esse erano tra i 15 segni che annunciavano il giudizio finale del Signore.

Un altro allievo di Alberto Magno fu lo scienziato inglese Ruggero Bacone (1214–1294) che migliorò il metodo scientifico accentuando l'importanza delle osservazioni e della sperimentazione per migliorare la conoscenza. Nel luglio del 1264 egli osservò una cometa che descrisse con una certa accuratezza, ma giunse alla conclusione che essa era più in relazione con la superstizione contemporanea che non con il metodo scientifico. Bacone notò che la cometa del 1264 apparve nel Cancro e che si mosse verso Marte che – a causa della sua natura bellicosa – presagiva discordie e guerre in Inghilterra, Spagna, Italia e in altri paesi dove i cristiani furono massacrati. Martin Lutero (1483–1546) andò oltre, definendo le comete stelle meretrici e al servizio del diavolo. Pare che egli abbia affermato: "i pagani dicono che le comete possono essere dovute a cause naturali, ma Dio non ne creò neppure una che non fosse un presagio di una sicura calamità."

Un tipico esempio del pensiero medievale sulle comete è quello che venne espresso dal vescovo luterano Andrea Celichius nel suo scritto "Il promemoria teologico della nuova cometa". In un'opinione che rappresenta quanto si pensava in generale sulle comete nel tardo medioevo, Celichius scrive che le comete sono: "... lo spesso fumo dei peccati umani emerge ogni giorno, ogni ora, ogni momento, pieno di fetori e di orrori al cospetto di Dio e diviene gradualmente così spesso da formare una cometa con trecce curvate e arrotolate che infine vengono aggraziate dagli infuocati angeli del Supremo giudizio Celeste."

In una replica razionale lo studioso ungherese Andreas Dudith (1533–1589) espresse l'opinione minoritaria, pubblicata nel 1579, che se le comete fossero causate dai peccati degli uomini, esse dovrebbero essere sempre presenti in cielo. Un'altra ventata di pensiero razionale arrivò un anno dopo da Blaise de Vigenère (1523–1596). Egli mise in evidenza che la morte di grandi monarchi ebbe luogo senza che venisse annunciata da nessuna cometa. Ma i lavori razionali di Dudith e Vigenère furono delle eccezioni, non la regola. Essi vennero largamente ignorati nell'onda della superstizione contemporanea.

Durante il periodo medievale nei secoli XII e XIII nel mondo occidentale virtualmente non vi fu alcun lavoro originale sulle comete. Quando si osservavano, ci si prendeva cura solo di notare in quale costellazione apparivano per poterne dedurre previsioni astrologiche. Le comete erano considerate fenomeni terrestri, sfere di fuoco scagliate su una Terra peccaminosa dalla mano giusta di un Dio vendicatore. La superstizione sulle comete regnò sovrana e nessun significativo miglioramento fu fatto per capire il fenomeno. Per questo occorre attendere il secolo XV, quando, nel 1433, il matematico e astronomo fiorentino Paolo dal Pozzo Toscanelli (1397–1482) introdusse un'importante novità; registrò il passaggio di una cometa rispetto allo sfondo di stelle fisse su carte stellari che lui stesso aveva preparato a tal fine. Fu la prima volta che in Europa venne intuito che il dato fondamentale da registrare in occasione del passaggio di una cometa è la sua posizione più precisa possibile in cielo riferita ad una certa data.

Però, ancora nel periodo di Copernico, anche tra gli uomini di scienza la fantasia si sbizzarriva nella descrizione di questi astri. E così anche il celebre chirurgo Ambrogio Paré in un capitolo sui *Mostri celesti* si lascia andare alla seguente descrizione sulla cometa del 1528:

"Questa cometa era orribile tanto e così spaventosa, e generava nel pubblico cotanto terrore, che alcuni morirono di spavento, altri caddero ammalati. Essa appariva di una lunghezza eccessiva e di colore sanguigno; alla cima di essa vedevasi la figura di un braccio curvo con una lunga spada nella mano in atto di voler colpire. Presso la punta era una grande stella. Ai due lati dei raggi di questa vedevasi un gran numero di scuri, di coltelli, di spade tinte di sangue, e in mezzo a tutto questo una gran quantità di facce umane schifose, con barbe e capelli irti e arruffati."

Queste descrizioni fanno capire come alle volte sia molto problematico per i ricercatori risalire all'apparenza reale mostrata da questi astri. Bisogna riconoscere che quando la fantasia si mette d'impegno si può vedere qualsiasi cosa.

Fino alla seconda metà del XVI secolo le idee aristoteliche sulle comete regnavano essenzialmente incontrastate. Ma, nel 1577 avvenne un fatto che ad esse assestò un colpo mortale. In quegli anni era attivo il più grande osservatore dell'era pre-telescopica: il danese Tycho Brahe (1546–1601), le cui osservazioni permisero a Keplero di formulare le sue famose leggi. Tycho, grazie a quadranti murali e mire di ottima fattura, riusciva a determinare la posizione degli astri con la precisione di un primo d'arco, 1/30 del diametro lunare. Quando, nel 1577, apparve una grande cometa con una coda lunga oltre 20°, Tycho volle determinarne la distanza. Se, come aveva affermato Aristotele, le comete appartenevano al mondo sub-lunare, essa, osservata da due punti differenti, avrebbe dovuto apparire proiettata in posizioni diverse rispetto allo sfondo delle stelle. Ma questo non avvenne: la cometa, che Tycho aveva iniziato ad osservare dal 13 novembre, si vedeva nella stessa posizione sia vista dall'isola di Hven o Ven (vicino a Copenaghen) che da Praga in base alle osservazioni compiute da un altro astronomo nello stesso periodo. La Luna, invece, osservata da questi due luoghi mostrava uno spostamento sensibile: questo significava che la cometa era indiscutibilmente al di là della Luna. Gli strumenti

Dal medioevo all'illuminismo 33

Quello che si credeva di vedere nella cometa del 1528! Disegno dell'autore in base ad un originale dell'epoca

di Tycho non erano in grado di dirgli a quale distanza fosse, ma gli fornivano un dato certo: era sicuramente a oltre sei volte più lontana della Luna! Questo dimostrava un fatto incontrovertibile: le comete non erano fenomeni atmosferici, ma astri a tutti gli effetti. Tycho pubblicò i risultati delle sue osservazioni diversi anni dopo: nel 1588, ed altri scrissero su questa grande cometa.

Purtroppo anche in seguito a questa grande scoperta di Tycho e tra menti aperte sulle comete regnavano ancora molte idee inesatte. Ecco, ad esempio, l'opinione del Gesuita Orazio Grassi (1583–1654) che aveva scritto uno dei più ragionevoli trattati sulle tre comete apparse nel 1618 (*De tribus cometis annus MDCXVIII*). Grassi ritenne infondata la paura e ad esse applicò le idee di Tycho, ritenendole di natura celeste, in quanto più lontane della Luna. Però riteneva che esse si muovessero su un grande cerchio con moto costante e che la loro luminosità fosse dovuta a luce solare riflessa o rifratta. Riteneva altresì che esse fossero situate tra il Sole e la Luna in quanto la loro velocità era intermedia. Sul telescopio, di recente scoperta, espresse la strana opinione che ingrandisse gli astri in proporzione diretta alla loro distanza. Galileo, pur non avendo espresso idee del tutto corrette sulle comete, con la sua grande capacità di ragionamento, lucidamente e tramite il suo amico e studente Mario Guiducci confutò alcune delle idee errate del Grassi in un lavoro dal titolo *Discorso delle comete*. Innanzi tutto, Galileo evidenziò che le comete non erano periodiche.

La sola altra cometa nella storia recente che poteva eguagliare in splendore quella più brillante del 1618 era quella del 1577. Supponendo che queste due comete fossero lo stesso oggetto in un'orbita circolare, nell'intervallo in cui era stata seguita non avrebbe dovuto percorrere neppure un grado. Ma quella cometa del 1618 fu osservata spostarsi di oltre 90°. Se, invece, le comete del 1577 e del 1618 non erano lo stesso oggetto, gli oltre 90° di quest'ultima in pochi mesi avrebbe richiesto che essa sarebbe tornata in meno di un anno, se la sua orbita fosse stata circolare come indicava il Grassi. Inoltre, Galileo affermò che prima di usare una parallasse evanescente per indicare una posizione oltre la Luna, si dovrebbe dimostrare che le comete sono oggetti reali piuttosto che riflessioni. Egli portò come esempio l'arcobaleno, che non esibisce alcuna parallasse in quanto si muove come l'osservatore. Poi, Galileo, fece correttamente presente che l'ingrandimento di un telescopio è indipendente dalla distanza dell'astro osservato. E portò l'illuminante esempio di un'eclisse anulare vista ad occhio nudo. Poiché il Sole è più lontano della Luna, osservandola con un telescopio, se fosse vera l'affermazione del Grassi, essa dovrebbe apparire totale, ingrandendo lo strumento più la Luna che il Sole. Ma, purtroppo, nonostante la sua grande apertura mentale e la logica ferrea, Galileo non arrivò a definire il moto reale delle comete. Keplero, dal canto suo, nel 1619, espose

Ancora dopo l'invenzione del telescopio le idee sul moto delle comete erano molto confuse. Vi era chi riteneva che fosse caotico (da sinistra a destra), chi pensava ad un moto a chiocciola e chi ad uno rettilineo. Da "Orione", n.4/1991. Cortesia Il Castello

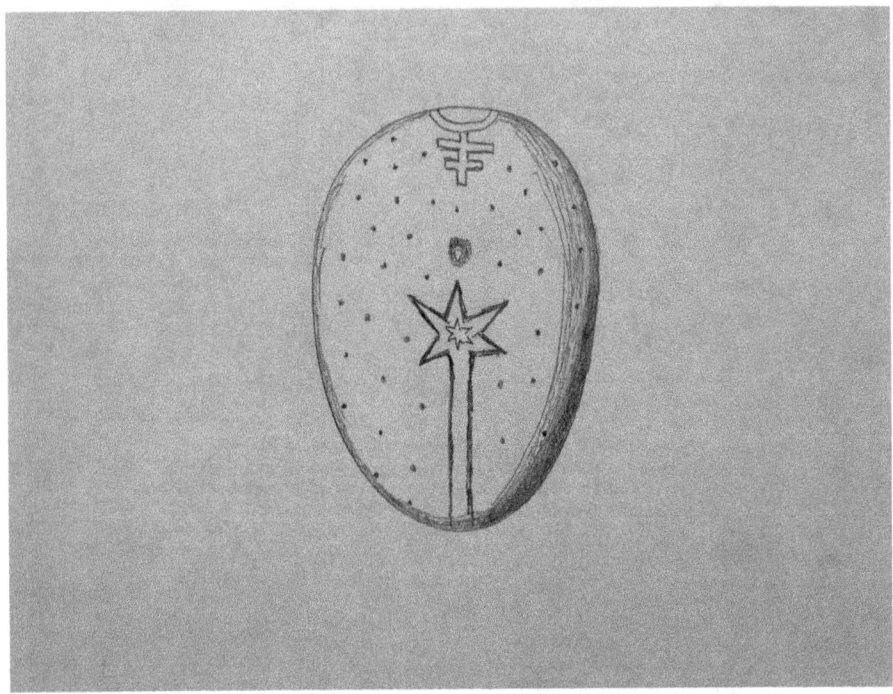

Immagine di un uovo, effettuato a Roma il 4 novembre 1680 recante la testimonianza del passaggio della cometa Kirch! Disegno dell'autore in base ad un originale dell'epoca

le sue idee sulle comete nell'opera *De Cometis*, in cui scriveva che secondo lui esse sono numerose come i pesci nell'oceano, ma non sono eterne. Precisava che la coda si forma sotto l'azione dei raggi del Sole che spingono via le particelle dalla testa e che la coda può essere attraversata dalla Terra. Purtroppo aggiungeva anche che in tal caso si avevano pestilenze. È strano che Keplero, che aveva trovato l'ellitticità delle orbite planetarie, non attribuì alle comete lo stesso tipo di conica; i dati osservativi in suo possesso lo convinsero invece ad attribuire loro un moto rettilineo.

Ma non bisogna stupirsi più di tanto; ancora nell'epoca di Newton e di Halley, le credenze più stravaganti e varie sulle comete erano diffuse. Ad esempio, per la cometa Kirch, ben visibile da Roma bei primi giorni del novembre 1680 e passata al perielio il 18 dicembre di quello stesso anno, si disse che aveva lasciato dei segni del suo passaggio su tre uova di galline dei primi giorni di dicembre! Era piuttosto comune in quei secoli mettere le comete in relazione ad avvenimenti terrestri. In genere si riusciva sempre a trovare qualcosa di notevole, ma quando questo non si verificava si arrivava al ridicolo. Ad esempio, la cometa del 1668 fu considerata la causa di una grande mortalità fra... i gatti! Purtroppo queste credenze, anche se in forma minore, perdurarono molto a lungo, addirittura fino al XIX secolo. Ad esempio, una delle comete connesse ad un periodo tumultuoso della storia d'Europa è quella comparsa nel 1811, seguita fino oltre la metà del 1812. L'apparizione di una cometa così vistosa doveva avere un grosso significato e, infatti, ... essa fu foriera della sconfitta di Napoleone nella guerra di Russia!

Arriva Edmond Halley

Il grande filosofo romano Seneca, oltre ad affermare che le comete percorrevano vie ben definite, analogamente ai pianeti, verso la fine della sua opera in cui ne parlava aggiunse le seguenti profetiche parole: "Verrà un uomo un giorno, che spiegherà in quali regioni corrono le comete, perché si stacchino tanto dagli altri astri, quali siano la loro grandezza e la loro natura". Quest'uomo nacque nel 1656 e rispondeva al nome di Edmond Halley.

Halley trascorse un'infanzia serena, conducendo una vita agiata, in quanto il padre era una persona molto benestante. Gli Halley, che producevano sapone, erano divenuti inaspettatamente ricchi negli anni successivi alla grande epidemia di peste che aveva investito Londra nel 1665–1666, quando lavarsi era diventato di moda nella società londinese. Le ricchezze del padre garantirono a Edmond un'istruzione presso la Saint Paul's School di Londra e, in seguito, un posto al Queen's College di Oxford. Nonostante che abbandonasse gli studi; a suo dire i vecchi e antiquati programmi del suo corso erano soffocanti, la sua intelligenza, unita alle sue possibilità, gli permisero di divenire già a soli 17 anni assistente dell'astronomo reale (direttore dell'Osservatorio di Greenwich) John Flamsteed (1646–1719). In quest'ambito ebbe la possibilità di recarsi a 20 anni nei cieli dell'isola tropicale di Sant'Elena per compilare una mappa dell'emisfero australe. In poco più di un anno di duro lavoro mette a punto una eccellente cartografia per l'epoca, misurando meticolosamente la posizione di 341 stelle australi. Si trattava, a quel tempo, di una mappa importantissima dal punto di vista militare: per navigare la marina aveva bisogno di carte celesti accurate. Halley portò a termine il compito riuscendo a compiere tutte le determinazioni necessarie in 18 mesi. Battezzò addirittura una costellazione con il nome di *Robur Carolinum,* la Quercia di Carlo, dall'albero in cui si narra che il re Carlo II si fosse nascosto per sfuggire alle truppe di Oliver Cromwell in seguito alla battaglia di Worcester del 1651.

Nel 1679 pubblica il *Catalogus Stellarum Australium*; il lavoro è apprezzato a tal punto da guadagnarsi il soprannome di "Tycho del sud". Per questo riceve ad Oxford il *Master of Arts* e una laurea pur senza sostenere esami, diventando il più giovane membro della *Royal Society*. Pochi anni dopo determina gli elementi orbitali di una cometa che vede lui stesso e che venne avvistata per la prima volta il 23 agosto 1682 nella Francia meridionale. Il 26 agosto la testa di questa cometa eguagliava lo splendore della stella Polare, mentre il 29 dello stesso mese la sua coda si stendeva per 30°. Passò al perielio il 15 settembre ma scomparve pochi giorni dopo: la sua ultima osservazione risale al 22 settembre (da Parigi).

In seguito, basandosi sulla terza legge di Keplero, cerca di capire come il Sole eserciti una forza sui pianeti. Venirne a capo non è facile, neppure per una mente così capace come quella di Halley. Ma accade che, trovandosi in visita a Cambridge, ne parla con il più grande fisico inglese, Isaac Newton (1643–1727), che gli rivela di avere già affrontato e *risolto* il problema.

Incomprensibilmente Newton non aveva però pubblicato nulla. Halley ne parla alla *Royal Society* e lo convince a pubblicare questo suo lavoro; per essere più convincente Halley – che (impresa non indifferente!) era riuscito a non litigare mai con Newton – arriva a sobbarcarsi le spese della pubblicazione: il celebre *Philosophiae Naturalis Principia Mathematica* (1687), non solo l'opera maggiore di Newton, ma – in assoluto – una delle più importanti nella storia della fisica.

Proprio per dimostrare la validità della legge universale della gravitazione, Halley la applica al ritorno delle comete. Egli si rende conto che se essa è davvero universale deve valere non solo per i pianeti ma per ogni astro. Consultando gli almanacchi esamina l'apparizione di 23 comete apparse tra il 1337 e il 1698, di cui ricostruisce in parte il percorso. Facendo questo lavoro nota che una osservata nel 1531, nel 1607 (osservata anche da Keplero) ed una del 1682, che lui vide all'età di 26 anni, mostravano un percorso simile: poteva essere la stessa cometa che ritornava ogni 76 anni percorrendo un'orbita fortemente ellittica? Le orbite non erano identiche, ma abbastanza simili da far nascere qualche sospetto.

Poiché, nel loro moto, le comete possono avere passaggi abbastanza ravvicinati ai pianeti, Halley arguì che le interazioni esercitate in tali passaggi avrebbero dovuto influenzarne le orbite in modo calcolabile. Cercò dunque la posizione di Giove e Saturno, i due pianeti più massicci, e calcolò le perturbazioni dovute all'attrazione gravitazionale da essi esercitata sulle comete del 1531, del 1607 e del 1682. I risultati dei suoi calcoli dimostrarono che

Ritratto di Isaac Newton, uno dei maggiori fisici di tutti i tempi. Da "Orione" n. 5/88. Cortesia Il Castello

le variazioni dell'orbita erano imputabili alla deflessione causata da Giove e Saturno. Halley se ne convinse e nel 1705 nella sua pubblicazione di venti pagine (principalmente composta da tavole numeriche e calcoli) *Astronomiae cometicae synopsis* presentata alla Royal Society ne previde il ritorno per l'autunno del 1758, purtroppo consapevole che non sarebbe vissuto abbastanza per verificare la sua previsione. Successivamente approfondì ulteriormente gli studi e stabilì che nel 1681 si era tanto avvicinata a Giove da aver modificato la velocità con cui percorreva l'orbita, così calcolò il suo ritorno in un periodo un po' più lungo dei precedenti, a cavallo fra il 1758 e il 1759. La cometa ritornò nella primavera del 1759, sei mesi dopo, in quanto Halley, nei suoi calcoli, non aveva tenuto conto degli influssi gravitazionali del pianeta gigante Saturno e degli sconosciuti (all'epoca) Urano e Nettuno. Ma nel complesso la sua previsione era stata dimostrata pienamente, anche se egli non la poté verificare, essendo scomparso nel 1742.

Benché Halley sia noto soprattutto per la "sua" cometa, in realtà nell'ambito astronomico non è ritenuta questa la sua scoperta più importante, ma quella relativa ai moti stellari. Nel 1718 scoprì il moto proprio delle stelle "fisse", comparando le misurazioni eseguite dal Flamsteed a Greenwich con quelle di Ipparco del II secolo a.C. In particolare egli si accorse che la posizione antica di Arturo, la stella più luminosa dell'emisfero boreale, divergeva di oltre un grado dalle misure moderne. Non era ammissibile che Ipparco misurandone la posizione avesse commesso un errore 10 volte maggiore rispetto all'indeterminazione presente nelle sue altre misure: l'unica spiegazione plausibile era uno spostamento della stella. Un'altra sua notevole intuizione (risalente al 1716) fu quella di determinare la distanza Terra-Sole utilizzando i transiti di Venere. Egli nel 1677 a Sant'Elena aveva osservato un transito di Mercurio, misurandone la durata con considerevole precisione. Correttamente ne dedusse che facendo la stessa cosa con il più vicino Venere si sarebbe riusciti a determinare la distanza Terra-Sole con un errore inferiore all'1%. Il suggerimento fu seguito dai suoi successori per i passaggi del 1761 e 1769, ma la precisione che si ottenne fu nell'ordine del 2% a causa dell'inaspettato fenomeno ottico della "goccia nera".

Nel 1720 Halley successe a Flamsteed come Astronomo Reale, impiego che mantenne fino alla sua morte.

Oggi Halley è ricordato, oltre che con la celebre cometa, anche con due crateri, uno sulla Luna ed uno su Marte.

Comete famose

Passiamo ora in rassegna un elenco di comete che, per un verso o per un altro – ma quasi sempre per la loro luminosità – sono rimaste celebri nella storia degli annali di questi astri. Iniziamo dal XVI secolo, in quanto per quelle precedenti i dati sono piuttosto incerti.

Grande cometa del 1577

Questa cometa (C/1577 V1) è passata alla storia per essere stata quella che permise a Tycho Brahe di dimostrare che questi astri non sono nella nostra atmosfera ma ad una distanza superiore a quella della Luna. Infatti Tycho non riuscì a misurarne una parallasse, mentre gli era possibile per la Luna. Quindi la cometa era sicuramente oltre la Luna, ma gli strumenti di cui disponeva Tycho non erano in grado di dirgli di quanto.

La cometa venne scoperta il 1° novembre 1577, cinque giorni dopo essere passata al perielio, a soli 26,5 milioni di km dal Sole. Tycho iniziò ad osservarla dal 13 novembre. Il grande osservatore danese effettuò subito delle misure precise della sua posizione. Dispiegò una coda di oltre 20° e divenne luminosa quanto le stelle più brillanti, posizionandosi tra Arturo e Sirio. Secondo alcune fonti addirittura rivaleggiò con Venere. Se Tycho non fu il primo a vederla, egli, per quanto sappiamo, fu l'ultimo, vedendola fino al 26 gennaio 1578. Grazie alle sue osservazioni sappiamo che percorreva un'orbita, praticamente parabolica, con un'inclinazione di 105° Di questa cometa si disse che sarebbe stata foriera di grande calore e di molte morti nei dodici anni seguenti la sua apparizione!

La grande cometa del 1680

Un'altra delle comete più importanti della storia fu indubbiamente la grande cometa del 1680 (C/1680 V1), la cui orbita è riportata anche sui *Principia* di Newton. Detiene due record. Fu la prima ad essere scoperta al telescopio: il 14 novembre 1680 da Gottfried Kirch, che faceva osservazioni della Luna e di Marte. Inoltre fu la prima di cui sia stata calcolata l'orbita. Precedentemente alla congiunzione col Sole fu osservata da pochi astronomi, fra i quali Hevelius. Quest'ultimo l'osservò ai primi di dicembre e, dopo il passaggio al perielio, dal 24 dicembre al 17 febbraio 1681; da questa data, vittima di un incendio che distrusse il suo osservatorio con quanto conteneva (gli strumenti migliori e molti libri), portò avanti le osservazioni con strumenti di fortuna. La cometa raggiunse il perielio il 18 dicembre, quando fu possibile osservarla di giorno ad occhio nudo. A Greenwich, dal 20 dicembre 1680 al 15 febbraio 1681, la cometa fu osservata da Flamsteed. Il 28 dicembre da Londra Hooke, che osservò un flusso di luce che sprigionava dal nucleo (la prima descrizione di materiale emesso da un'area attiva), stimò la lunghezza della coda in 90°. Sulla base di queste osservazioni, su quella di Kirch e sulle due fatte da Newton l'11 e il 19 marzo, Halley calcolò due orbite. La prima parabolica e la seconda ellittica, con un periodo di 575 anni. Una terza orbita fu calcolata da Eulero. In questo caso, l'ipotesi che si trattasse di un'orbita ellittica e i risultati delle osservazioni condussero ad un periodo di rivoluzione di 170,5 anni. Una quarta orbita fu ottenuta da Newton con prevalenza di operazioni grafiche, eseguite con riga e compasso. Infine, una quinta orbita fu calcolata da M. Pingré e fu un'orbita ellittica quasi parabolica. Pingré trovò un periodo di 15.846 anni. Questi valori molto discordanti sul periodo di rivoluzione indicano come ad una piccola differenza nell'eccentricità (e quindi nei dati osservativi) corrisponda, quando l'eccentricità si approssima ad uno, ad un enorme divario nel periodo. Oggi, in base ad un'eccentricità di 0,999986 si ammette un periodo sui 10 mila anni con un perielio di soli 0,93 milioni di km ed un afelio a 133 miliardi di km! Inclinazione di 61°.

Questa cometa fu osservata anche da Dörfel, allievo di Hevelius, ai primi di dicembre e, dopo il passaggio al perielio, dal 28 dicembre al 10 febbraio 1681, da Picard e Cassini dal 22 dicembre al marzo 1681 e da molti altri, in Francia, in Spagna, in Italia, in America.

La Kirch, grande cometa del 1680. Disegno dell'autore in base ad un originale dell'epoca

La cometa di de Chéseaux

Il 29 novembre 1743 fu scoperta una delle comete più appariscenti fino ad allora osservate. E nota come Grande Cometa del 1744, formalmente denominata C/1743 X1. Nella sua osservazione del 13 dicembre 1743 de Chéseaux la descrive priva di coda e con chioma da circa 5' di diametro, tale da ricordare una nebulosa di 3° magnitudine. Ma con il trascorrere delle settimane divenne via via più brillante fino a divenire visibile anche in pieno giorno, all'una del pomeriggio e ad occhio nudo, quando raggiunse il perielio (a 0,22 UA dal Sole), il 1° marzo 1744. Allora la sua luminosità è stata stimata di −4,6. La cometa, che fu scoperta da Dirk Klinkenberg, divenne poi nota col nome di Jean-Philippe de Chéseaux, grazie ad un suo famoso disegno nel quale sono raffigurate ben sei code brillanti, visibili sopra l'orizzonte, mentre la testa (nucleo e chioma) è già tramontata. Queste sei code vennero manifestate pochi giorni dopo il perielio. Sulla causa di queste code sono state sviluppate diverse ipotesi tra le quali le più accreditate rimandano alla presenza di almeno tre bocche eruttive alternativamente esposte al vento solare oppure ad un

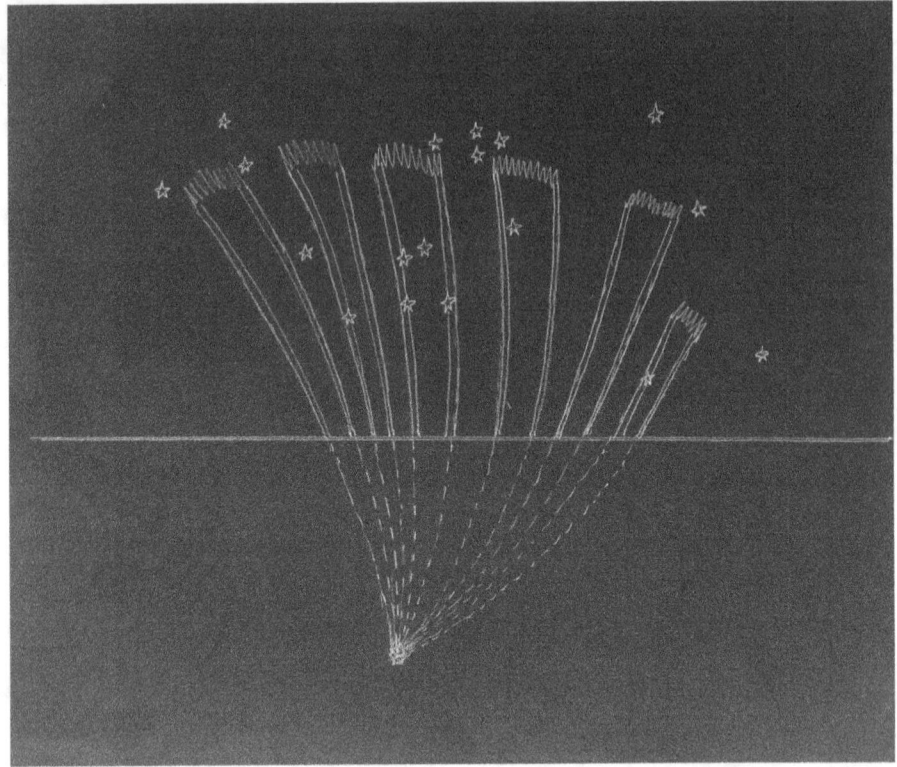

Disegno dell'autore ispirato a quello celebre di de Chéseaux, grazie al quale la cometa C/1743 X1 ha preso il suo nome

caso estremo di striatura della coda dovuto alla diversa natura del materiale disperso, come osservato per le comete West (1976) e McNaught (2007). La de Chéseaux rimase visibile nell'emisfero settentrionale fino al 9 marzo e in quello meridionale fino al 22 aprile 1744. Essendo l'eccentricità intorno ad 1, la sua orbita è stata considerata parabolica.

La cometa di Encke

Nel 1786 l'astronomo francese Pierre Méchain scoprì una debole cometa, che, per la sua scarsa luminosità, non attirò particolare attenzione. Ma nel 1819 l'astronomo tedesco Johann Franz Encke, dopo laboriose ricerche, pubblicò nel giornale genovese *Correspondance Astronomique* un lavoro che dimostrava come questa cometa e quelle scoperte negli anni 1795, 1808 e 1818 fossero il medesimo astro che, con una frequenza insolita per una cometa, percorreva la sua orbita intorno al Sole in soli 3,3 anni. In quell'articolo egli ne prevedeva il ritorno per il 1822, cosa che puntualmente avvenne. Grazie a questi suoi lavori la comunità astronomica internazionale decise di fare un'eccezione alla regola e di chiamare la cometa con il nome di Encke anziché con quello del suo scopritore. Sono solo altre tre le comete che hanno ricevuto un nome diverso da quello del suo scopritore, ovvero la Halley, la Crommelin e la Lexell.

Questa cometa, che ha ricevuto la sigla 2P/Encke, perché è stata la seconda cometa con breve periodo di cui si sia determinata l'orbita, percorre il suo percorso con un'inclinazione di 11,8° avvicinandosi al Sole fino a 50,3 milioni di km ed allontanandosene fino a 612 milioni. Ne consegue un'eccentricità di 0,848. Benché il diametro del nucleo sia di 4,8 km, la Encke non arriva mai ad essere appariscente; la magnitudine massima è compresa fra la quarta e la quinta, ovvero come una stella piuttosto debole. È questa la cometa con il periodo orbitale più breve. Pur avvicinandosi notevolmente al Sole essa non sviluppa una coda ma solo una chioma sfumata, ovvero un involucro di gas e polveri intorno al nucleo che si dissolve nello spazio.

Le osservazioni mostrano che la sua orbita si sta un po' rimpicciolendo, per cui il ritorno al perielio risulta leggermente anticipato (di 2,5 ore). Inizialmente si era ipotizzato che questo avvenisse a causa dell'attraversamento in un mezzo che la rallentava. Ma, poiché questo comportamento è stato osservato anche in altre comete ed in modo irregolare, si è poi capito che la causa è l'effetto razzo causato dai gas che fuoriescono dal nucleo.

La Grande Cometa del 1811

Il 25 marzo del 1811 il francese Honoré Flaugergues scoprì una cometa a ben 400 milioni di km dal Sole che il 20 ottobre di quello stesso anno arrivò a brillare quanto la stella Arturo e che dispiegò una coda lunga fino a 160 milioni di km ma che non ricevette un nome proprio; venne ricordata semplicemente come "La Grande Cometa del 1811", ora nota anche con la sigla C/1811 F1.

Questa fu la cometa alla quale si riferì Leone Tolstoj in *Guerra e pace* e per molto tempo venne associata dagli europei ai tumulti di quel periodo. In seguito i russi dissero che avevano interpretato l'apparizione di questa cometa come un presagio dell'insuccesso dell'invasione della Russia da parte di Napoleone.

A differenza della maggior parte delle grandi comete essa venne scoperta parecchio tempo prima di raggiungere la massima luminosità e per questo fu attesa con ansia dal mondo civilizzato.

Quando si avvicinò al perielio, che raggiunse il 12 settembre a 155 milioni di km dal Sole, divenne per l'emisfero boreale un astro circumpolare visibile dal crepuscolo serale all'alba. Durante i mesi di settembre e ottobre essa brillò come una stella di magnitudine fra 0 e 1 e si spostò dall'Orsa Maggiore ad Ercole. Le due luminose code che scaturivano dalla testa puntavano verso nord; una era diritta e l'altra molto curvata. Ciascuna era lunga circa 25° mentre quella curva aveva una larghezza di 7°.

Sulle osservazioni eseguite alla specola di Palermo, Giuseppe Piazzi scrisse una lunga, importante memoria. All'epoca del massimo sviluppo la testa fu più grande del Sole, avendo un diametro che misurava circa 2 milioni di chilometri. Verso la fine dell'anno la coda aveva una larghezza di 25 milioni di km e una lunghezza leggermente maggiore della distanza Terra-Sole. Le osservazioni permisero di definire che l'orbita aveva un'inclinazione di 107°, un'eccentricità di 0,995 ed un afelio a ben 63 miliardi di km dal Sole, con un conseguente periodo nell'ordine dei 3 mila anni.

Essa rimase visibile ad occhio nudo almeno per ben nove mesi, un record superato solo dalla Hale-Bopp alla fine del XX secolo.

L'ammiraglio inglese William H. Smyth ne diede una descrizione molto vivida: "Questo splendido oggetto era estremamente interessante, non solo per la sua apparenza ma dal tempo in cui rimase visibile, circa 10 mesi, che supera quello di ogni altra cometa. Poi la sua orbita lo portò ad essere circumpolare e perciò in quel periodo rimase visibile durante tutte le ore della notte. Sia Sir William Herschel che Schröter pensarono che in base alle variazioni nella luminosità del nucleo e dalle rapide oscillazioni nella brillantezza della sua coda essa avesse una luce interna, ma questa opinione non è stata generalmente accettata. Quando era al perielio la sua distanza dal Sole era di circa 157 milioni di km e 225 dalla Terra. L'inviluppo gassoso della sua testa era spesso 48 mila km, mentre la sua macchia centrale brillante fu stimata avere un diametro di 800 km. La sua coda era composta da due fasci divergenti di debole luce leggermente colorata che divergevano di un angolo di 15 o 20 gradi e talvolta molto più. Entrambi questi fasci erano un po' piegati verso l'esterno; lo spazio tra di essi era relativamente scuro. Alla sua massima estensione questa coda variò la sua lunghezza da circa 150 a 200 milioni di km; secondo alcune osservazioni anche più."

Una curiosità legata a questa cometa fu che il 1811 si rivelò un'annata particolarmente buona per il vino in Portogallo, cosa che i coltivatori attribuirono alla cometa! Il "Vino della Cometa" rimase in vendita per molti anni e, addirittura, una bottiglia di questo vino arrivò fino al 1980, quando esso apparve ad un'asta di Sotheby, il famoso banditore di Londra!

La grande cometa del 1811. Schizzo dell'autore da un disegno dell'epoca

La cometa di Biela

Questa vicenda non riguarda un astro brillante, ma la prima della quale la comunità scientifica fu chiaramente testimone della scissione di una cometa.

Il 2 febbraio del 1826 il capitano di fanteria dell'esercito austriaco Wilhelm von Biela scoprì una cometa che passò al perielio il 27 febbraio di quell'anno. Poco dopo Biela fu in grado di definirne l'orbita: perielio a 0,86 UA, afelio a 6,2 UA, inclinazione di 12,5°, eccentricità di 0,756 e periodo di 6,6 anni. Essa permise di appurare che si trattava della stessa cometa osservata da Messier nel 1772 e da Pons nel 1805. Poiché questa fu la terza cometa della quale venne calcolata l'orbita con periodo inferiore ai 200 anni, ora è nota con la denominazione di 3D/Biela. Dopo l'apparizione del 1826, il seguente passaggio al perielio fu calcolato dall'astronomo di Padova Giovanni Santini, le cui effemeridi vennero utilizzate da J. Herschel che la riscoprì il 24 settembre 1832; in quell'apparizione essa fu seguita fino al 4 gennaio 1833, quando T. Henderson, dal Capo di Buona Speranza in Sud Africa, la vide per ultimo. Fu poi vista nel passaggio seguente, quello del 1839. Santini predisse il passaggio al perielio del 1846 e in quest'ambito (26 novembre 1845) la cometa venne ri-

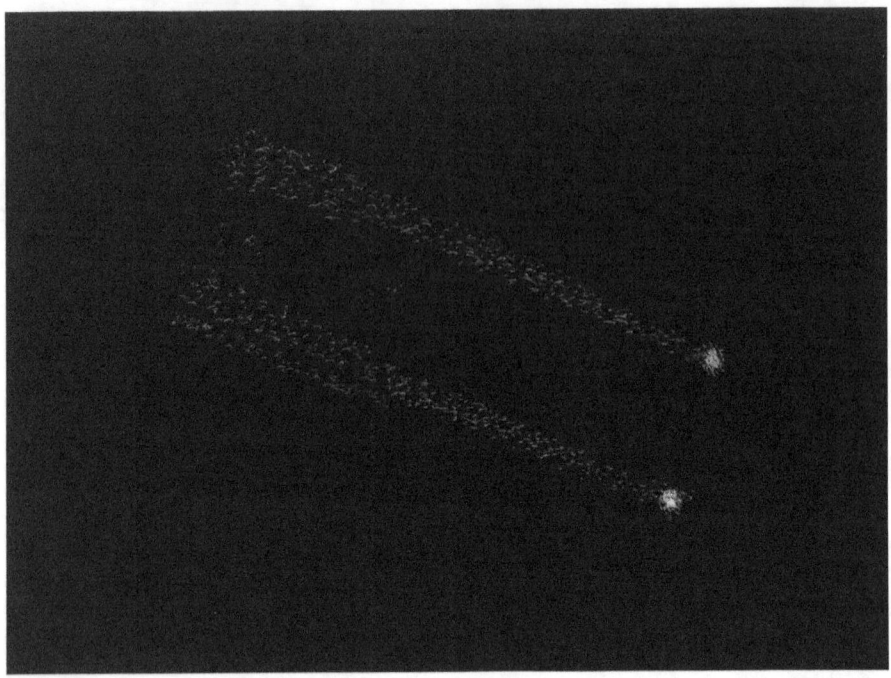

Scissione della cometa di Biela nel 1846. Disegno dell'autore da un originale dell'epoca

scoperta a Roma da Padre Francesco De Vico. Il fatto che si presentasse debole (fra l'8° e la 9° magnitudine il 21 dicembre) non fece intuire quanto sarebbe successo da lì a poco. Il 29 dicembre apparve, inaspettata, una debole cometa secondaria a solo un minuto d'arco a nord-ovest della principale: era accaduto che si era spezzata in due! Due notti più tardi la cometa apparve come un oggetto doppio; quella più debole fu visibile fino alla fine di febbraio 1846, l'altra fino al 27 aprile dello stesso anno. Ciò nonostante la cometa si ripresentò al successivo passaggio; il Padre Angelo Secchi, del Collegio Romano, la riscoprì il 26 agosto del 1852, ma a una considerevole distanza dalla posizione prevista. La componente secondaria fu scoperta dallo stesso Secchi il 16 settembre a nord-ovest della primaria. La distanza fra le due comete era salita a 2 milioni e 800 mila km. Da allora non si videro più. Furono cercate nel 1859, 1866 e 1872, quando avrebbero dovuto riapparire, ma senza alcun risultato. Ma la sera del 27 novembre 1877, quando la Terra attraversava il punto in cui la sua orbita era più vicina a quella della cometa, per oltre 6 ore si assistette ad un'intensissima pioggia di stelle cadenti, che apparivano scaturire dalla costellazione di Andromeda e che per questo furono chiamate Andromelidi. Era evidente che la cometa si era disgregata (donde la lettera "D" nella sua sigla) in una miriade di particelle che ora si manifestavano come meteore. Per questo esse vennero anche chiamate Bielidi, nome che poi prese il sopravvento. Questa pioggia, anche se oggi è *molto* meno intensa di quanto non fosse alla fine del XIX secolo, si ripresenta ogni anno verso il 29 novembre.

La Brilliant

La cometa del 1811 fu molto spettacolare, eppure secondo le testimonianze di chi le osservò entrambe, ancora più imponente fu quella del 1843, la C/1843 D1 detta Brilliant, che arrivò ad essere visibile in pieno giorno, con una coda della lunghezza di oltre 300 milioni di km (!), maggiore della distanza Marte-Sole.

Nota anche come Grande Cometa del Marzo 1843, essa fu scoperta il 5 febbraio, solo pochi giorni prima del passaggio alla minima distanza dal Sole (il 27 febbraio 1843).

Diverse settimane più tardi venne calcolata un'orbita affidabile, dalla quale gli astronomi si resero conto che essa arrivò vicinissima al Sole; lo sfiorò, passando a soli 140 mila km dal suo bordo e fu quindi una di quelle comete che vengono denominate, con parola inglese, *sun-grazer*. Sono quelle che risentono maggiormente della forza distruttiva del Sole ma anche che, transitando vicinissime alla nostra stella, sono più facilmente destinate ad essere brillanti e appariscenti. Il 28 febbraio, per poche ore, essa in luminosità superò ogni cometa vista nei precedenti sette secoli. Brillando nel cielo diurno come un diamante, questa "stella con la coda", a meno di 1° dal bordo del Sole, potrebbe aver raggiunto la magnitudine di -17, oltre 60 volte più luminosa della Luna piena! Per trovarne un'altra analoga occorre risalire indietro all'anno 1106.

In seguito la cometa divenne un astro serale, con una testa la cui luminosità era paragonabile a Giove mentre la coda era così intensa da non avere riscontri storici. Dritta come una freccia, questa appendice crebbe col passare dei giorni fino a raggiungere una lunghezza di 68° tre settimane dopo il passaggio al perielio. Sebbene questa non sia apparsa come la coda più lunga mai vista, essa ha probabilmente il record della maggiore lunghezza fisica essendo arrivata a misurare 300 milioni di km (2 UA) nel sistema solare interno. Fu osservata per l'ultima volta il 19 aprile del 1843, quindi fu seguita solo per 45 giorni; per questo motivo non si è potuta determinare un'orbita molto precisa, che la cometa descrive in 600–800 anni con un'inclinazione di 144° (praticamente ha un moto retrogrado). L'afelio dovrebbe essere a 23 miliardi di km dal Sole.

La grande cometa del 1843. Disegno dell'autore da un'immagine dell'epoca (le cupole sono quelle dell'Osservatorio Astronomico di Parigi)

La cometa di Donati

Nel 1858 apparve una delle più belle code che la storia ricordi: quella della cometa scoperta dall'astronomo pisano Giovanni Battista Donati il 2 giugno a Firenze. Molti testimoni l'hanno definita la cometa "perfetta". Fu visibile ad occhio nudo per più di tre mesi, mentre si spostava dall'Orsa Maggiore, attraverso Bootes e Corona Boreale, in Ercole. Al massimo dello sviluppo, all'inizio di ottobre, dopo il passaggio al perielio che avvenne il 30 settembre a 86 milioni di km dal Sole, brillava con una magnitudine compresa fra la 0 e la −1 e la sua stupenda coda arcuata, a forma di scimitarra, aveva una lunghezza di 80 milioni di km. L'orbita è risultata praticamente retrograda, in quanto inclinata sull'eclittica di 117°. La cometa di Donati (C/1858 L1), oltre che per la sua spettacolare bellezza, fu assai interessante per alcuni fenomeni che presentò. Intanto mise in evidenza, ancora una volta e molto chiaramente, l'inconsistenza di questi strani corpi celesti allorché il 5 ottobre passò davanti alla stella Arturo senza diminuirne per nulla lo splendore. Poi, intorno al nucleo si svilupparono "disturbi", masse di materia brillante, che migrarono rapidamente verso la coda e la percorsero provocando in essa varie distorsioni dei filamenti luminosi. Per questa cometa, che ebbe il suo massimo avvicinamento alla Terra il 10 ottobre e che si allontana fino a 46–47 miliardi di

La cometa di Donati apparsa nel 1858, mentre esibiva una coda lunga 70 milioni di km. La stella luminosa vicina alla testa della cometa è Arturo. Disegno dell'autore da un originale di Camille Flammarion del 5 ottobre 1858

km dal Sole, è stato calcolato un periodo di 1800–2000 anni ed è stata fatta l'ipotesi (ma ovviamente niente di più di un'ipotesi) che si sia trattato di un ritorno della grande cometa che Seneca osservò nel 46 d.C. Un record di questa cometa è stato quello d'essere la prima ad essere fotografata. L'impresa riuscì al fotografo Usherwood, grazie all'utilizzo di un obiettivo a corta focale, ottenendone peraltro una riproduzione piccola e molto modesta.

La cometa di Tebbutt

Tra le grandi comete, a quella di Donati seguì, nel 1861, la cometa di Tebbutt (C/1861 J1) che, secondo John Herschel, fu più brillante di quella di Donati anche se non più bella. Venne scoperta dall'astrofilo australiano John Tebbutt il 13 maggio 1861, tramite un cannocchiale da marina; allora era di 4° magnitudine ed appariva come una stella sfocata. Ebbe anch'essa una coda assai lunga, nella quale la Terra venne a trovarsi immersa verso la fine di giugno di quell'anno. In quell'occasione la testa si avvicinò al nostro pianeta fino a una distanza di circa 19 milioni di km. Nel giornale *La Lombardia* del 29 luglio 1861, Schiaparelli di questa cometa scriveva: "Secondo le osservazioni fatte dal P. Secchi all'Osservatorio del Collegio Romano, la coda della cometa stendevasi il 30 giugno sopra la sfera celeste per un arco di 118 gradi. Il giorno seguente, trovandomi io in Torino, determinai la lunghezza apparente della coda: dal nucleo alla estremità ultima l'intervallo fu di 115 gradi o più."

Nonostante che la magnitudine massima non sia stata certamente superiore a -3 (anzi, secondo altre fonti neppure a -2), Julius Schmidt riferisce che essa, nella notte fra il 30 giugno e il 1° luglio proiettava un'ombra sulla parete dell'Osservatorio di Atene. Invece, per il fatto che la Terra è venuta a trovarsi immersa nella sua coda, il cielo diurno avrebbe mostrato una particolare tonalità di giallo, anche se alcuni abitanti di Sydney (tra i quali lo stesso Tebbutt) segnalarono che il cielo era più biancastro. Alcuni addirittura riferirono di un'attenuazione della luce del Sole. Questi fenomeni, in gradi diversi, sarebbero stati osservati in tutto il mondo. Quando l'umanità si preoccupò nel 1910 dell'immersione della Terra nella coda della cometa di Halley, Tebbutt tranquillizzò l'opinione pubblica ricordando che l'immersione nella coda della "sua" cometa non aveva causato alcun pericolo.

Di questa cometa è stata calcolata un'orbita ellittica con un'eccentricità di 0,985, un'inclinazione di 85° ed un perielio di 0,822 UA. Si riuscì a seguirla al telescopio fino al maggio del 1862.

La cometa di Coggia

Fra le altre comete della fine del XIX secolo dobbiamo ricordare quella del 1874, detta di Coggia. Jérôme Eugéne Coggia scoprì questa cometa il 17 aprile 1874 all'Osservatorio di Marsiglia; essa venne osservata da molti astronomi tra i quali il Tempel da Firenze e il Secchi da Roma. A metà maggio i telescopi rivelarono lo sviluppo di una debole coda. La cometa divenne visibile ad occhio nudo all'inizio di giugno, aumentando via via la sua luminosità. Secondo David Seargent: "Senza dubbio C/1874 H1 (Coggia) era una bellezza, una vera grande cometa". Al suo massimo splendore probabilmente ha superato la prima magnitudine mostrando una serie di involucri all'interno della sua chioma. Vista sotto condizioni ideali la sua coda raggiungeva i 70°. Il 23 luglio Schmidt, da Atene, effettuò l'ultima osservazione della cometa dall'emisfero settentrionale, mentre l'ultima in assoluto si ebbe il 19 ottobre da Cordoba (Argentina).

Grande cometa di settembre 1882

La prima fotografia di una cometa che può rivaleggiare con l'osservazione visuale è quella della cometa del 1882 (C/1882 R1), scoperta da Wells appena pochi giorni prima di raggiungere il perielio. Con la sua inclinazione orbitale di 142°, questa cometa mostrava un moto retrogrado (come la Halley), mentre l'eccentricità aveva il formidabile valore di 0,9999! Se un singolo oggetto potesse incorporare tutti gli attributi di grande cometa, allora dovrebbe essere questa. Essa dette a sir David Gill, dal Capo di Buona Speranza (Sud Africa), la possibilità di ottenere la prima bella fotografia della storia cometaria. Anche questa cometa espulse materiale luminoso. Anzi, l'azione solare cui fu soggetta al passaggio al perielio, a soli 430 mila km dalla superficie solare, provocò tali disturbi nella sua struttura che fu vista dividersi in diversi pezzi, i quali, col tempo, si allontanarono dal nucleo principale. Il 18 ottobre, Tempel, a Firenze, vide quattro nuclei, mentre altri astronomi ne indicarono cinque. Durante l'avvicinamento al Sole la cometa aumentò di luminosità di 10 volte al giorno e il 16 e 17 settembre (quest'ultima data è quella del passaggio al perielio) essa divenne visibile ad occhio nudo nonostante fosse prossima all'abbagliante Sole di mezzogiorno. Al Capo di Buona Speranza si è stimato che al massimo del suo fulgore questa cometa abbia raggiunto la magnitudine di -17! Ecco cosa ci racconta in proposito l'allora quarantenne Flammarion: "Queta cometa era così brillante, che splendeva, agli occhi di tutti, in pieno meriggio, e a tre gradi soltanto dal Sole (o sei volte la larghezza del suo disco)."

La grande cometa del 1882 in base a come si presentava il 7 novembre di quell'anno. Disegno dell'autore in base ad un originale dell'epoca

La coda raggiunse la lunghezza massima (30°) alla fine di ottobre, mentre a metà gennaio 1883 aveva ancora una lunghezza di 15°; la testa rimase visibile ad occhio nudo fino a tutto febbraio 1993. L'ultima osservazione telescopica si ebbe il 1° giugno 1883 da Cordoba (Argentina) ad opera di B. A. Gould. Poiché l'afelio è a 167 UA, il calcolo indica che i suoi frammenti dovrebbero tornare dopo 760 anni dall'ultimo passaggio al perielio, come comete indipendenti che sfioreranno la superficie solare.

La cometa di Brooks

Di questa cometa appartenente alla famiglia di Giove vale la pena di parlarne non per la sua spettacolarità ma per la vicenda subita.

Il 7 luglio del 1889 fu la data in cui William R. Brooks vide ricomparire questa cometa (16P/Brooks). Essa conservava ancora segni di ciò che le era capitato nel marzo 1886, quando si era avvicinata a Giove fino a passare all'interno dell'orbita del satellite Io, che ruota intorno al suo pianeta a una distanza un po' più piccola di quella che separa la Luna dalla Terra. L'azione gravitazionale di Giove aveva influito così fortemente sul moto della cometa da cambiarle completamente l'orbita primitiva. Prima dell'incontro tale orbita si svolgeva fino a distanze dal Sole più grandi di quella di Giove e veniva percorsa in 29 anni. Dopo l'incontro restò tutta confinata entro la fascia degli asteroidi, tra Marte e Giove, e il periodo diminuì ad appena 7 anni. Oltre a ciò la cometa subì, se così si può dire, gravi danni. Nel 1889 E. E. Barnard osservò che s'era divisa in cinque parti, due delle quali scomparvero ben presto e altre due poco dopo. È abbastanza interessante notare che sebbene la cometa di Brooks fosse passata attraverso il sistema dei satelliti di Giove e, in particolare, così vicina a Io, nulla che fosse misurabile venne ad alterare il moto dei satelliti. Si ebbe così una ulteriore conferma di come le masse di questi corpi celesti dovevano essere assai modeste, aspetto che indusse l'astronomo francese Janssen a definirle "il nulla visibile".

La cometa di Morehouse

Anche se giunse ad essere a malapena visibile ad occhio nudo, la cometa C/1908 R1 scoperta dall'Osservatorio Yerkes in Wisconsin da Daniel W. Morehouse, il 1° settembre 1908, fu importante perché per la prima volta fu possibile accertare tramite lo spettroscopio che nelle code cometarie si trovano gas letali per l'uomo come cianogeno (C_2N_2) ed ossido di carbonio (CO). Oltre ad essere stata scoperta con la fotografia, fu anche una delle comete più fotografate dell'inizio del XX secolo; il solo Barnard, dall'Osservatorio di Yerkes, di sue foto ne fece 350! Questa cometa mostrò rapide e grandi variazioni nella forma della coda. Alla fine di settembre, il 29, la coda era dritta e mostrava una regolare diminuzione di luminosità a cominciare dalla testa. Il 2 ottobre si presentava sdoppiata, due code parallele, che si riunivano in una, molto lontano dalla testa. Il 15 di ottobre la coda era nuovamente una sola ma assai tormentata, ondulata, come stracciata, con un paio di centri di condensazione più luminosi. La cometa, che era di 10° magnitudine il giorno della scoperta, raggiunse al massimo (il 29 settembre) solo la sesta magnitudine e il perielio il 26 dicembre (a 141 milioni di km dal Sole). L'orbita, inclinata di 140°, è risultata praticamente parabolica, essendosi ricavata un'eccentricità di 1.

La cometa del Transvaal

Dal 1901 solo due grandi comete hanno ricevuto altri nomi oltre a quelli dei loro scopritori. La prima di queste è quella denominata dagli anglosassoni "Daylight Comet of 1910", nota anche come "Grande Cometa di Gennaio" o C/1910 A1.

La cometa del Transvaal o Daylight (luce del giorno). Disegno dell'autore ricavato da una fotografia ripresa dall'Osservatorio Lowell, in Arizona, a fine gennaio 1910

A causa della sua iniziale luminosità essa fu scoperta da parecchie persone nell'emisfero australe ed è impossibile dire con certezza chi fu il primo, benché se ne attribuisca la scoperta (il 12 gennaio 1910) ad alcuni minatori del Sud Africa che la notarono alla fine di un loro turno lavorativo. Allora la cometa era già molto brillante (magnitudine di circa -1) e quindi evidente nel cielo dell'alba. Il 17 gennaio, giorno del perielio, venne osservata per la prima volta da un astronomo, Robert Innes dell'Osservatorio del Capo; allora si trovava a soli 19 milioni di Km dal Sole. La maggior parte degli osservatori la giudicarono più brillante di Venere e le attribuirono una magnitudine di almeno -5, divenendo addirittura visibile in pieno giorno: la si ricorda come quella del Transvaal o di Johannesburg. Alla fine dello stesso mese fu visibile anche dall'Europa, nella luce del tramonto, insieme a Venere. In una descrizione dell'epoca, vien detto che la coda, che raggiunse la lunghezza di 50°, aveva forma di scimitarra, pulsante e sfumata fino a perdersi nel fondo del cielo; del nucleo si diceva che era assai brillante e variabile in luminosità (molto probabilmente, però, per effetto delle condizioni atmosferiche del luogo di osservazione). Dalle osservazioni si è dedotto un periodo di circa 9200 anni, un'eccentricità di 0,9998 e una distanza afelica di circa 150 miliardi di km. Con un'inclinazione di 139°, il moto era praticamente retrogrado. Questa cometa, apparsa nel gennaio 1910, fu molto più brillante di quella di Halley, che raggiunse il perielio nel maggio, e forse molte persone, che dicevano di ricordare la cometa di Halley, avevano visto invece quella del Transvaal.

Essa è stata ricordata come la più bella della prima metà del XX secolo.

La cometa di Halley

A questa celebre cometa, che passò per la penultima volta al perielio nel 1910, data la sua importanza, dedichiamo un capitolo a parte.

La Skjellerup-Maristany

Questa cometa, la cui sigla è C/1927 XI (1927 IX), fu trovata, indipendentemente, ai primi di dicembre del 1927 da Melbourne e da La Plata. Essa ebbe il suo rendez-vous con il Sole il 17 dicembre, con un perielio a meno della metà di quello di Mercurio. Per alcuni giorni intorno a questa data con un piccolo binocolo o, per quelli dalla vista più acuta, perfino ad occhio nudo, fu possibile vederla in pieno giorno a 2° dal Sole. La chioma splendeva con una magnitudine di -6 e di una tonalità gialla che in seguito gli spettroscopi identificarono con le linee di emissione del sodio. Orbitando intorno al Sole, la cometa si librò nel crepuscolo per diverse settimane, con la sua luminosità che si andava affievolendo. Durante gli ultimi giorni dell'anno la coda, prima magnifica, era divenuta appena visibile ad occhio nudo. Tra il 29 dicembre 1927 e il 3 gennaio 1928 alcuni osservatori nell'emisfero australe videro ancora degli accenni di coda nel cielo dell'alba ad est. Queste deboli strisce, lunghe almeno 35°, erano tutto ciò che rimaneva della cometa.

La cometa dell'eclisse

Nel 1948, con il cielo divenuto buio per l'eclisse totale di Sole del primo novembre, visibile dall'Africa orientale, si rese visibile una cometa molto prossima alla nostra stella, ora nota con la sigla C/1948 V1. Una manciata di astronomi si stava preparando con le loro attrezzature a riprendere la totalità, quando, scomparsa l'ultima striscia di disco solare, emerse uno spettacolo imprevisto. Mescolata tra i bagliori della corona solare vi era una cometa con una lunga coda curvilinea, e una testa più luminosa di Giove. Così l'umanità venne a conoscenza per la prima volta della grande Cometa dell'Eclisse, nota anche con la sigla 1948 XI.

Trascorsero tre giorni prima che questo visitatore inatteso fosse nuovamente avvistato, nel cielo del mattino. Le prime stime sulla sua luminosità variavano in un intervallo molto ampio: dalla luminosità di Venere alla prima magnitudine. Al di là di questa imprecisione, la cometa fu un soggetto impressionante con una coda brillante che si estendeva per 30°. Come spesso avviene per le comete, questo splendore fu di breve durata. Alla fine di novembre, essendosi allontanata rapidamente dal Sole e dalla Terra, la sua magnitudine era scesa alla quarta. Se questa cometa fosse stata ben situata per gli osservatori boreali, essa sarebbe stata indubbiamente ricordata come una delle più belle del secolo. Ma la declinazione fortemente australe, che la rese invisibile dall'Europa e dagli Stati Uniti, non ne decretò una grande fama.

La Arend-Roland

In una lastra ottenuta a metà settembre 1956 da Georges Roland presso l'osservatorio belga di Uccle con un astrografo da 40 cm di diametro, l'astronomo Silvain Arend notò vicino ad un bordo l'immagine di una cometa, che prese il nome di Arend-Roland C/1956 R1 (1957 III). Essa creò molte aspettative, come avrebbero fatto più tardi la Kohoutek e la Austin. All'epoca della scoperta la Arend-Roland era ancora distante otto mesi dal perielio, ma ben presto si diffusero voci sul fatto che sarebbe divenuta una grande cometa. E in effetti essa rispettò abbastanza le aspettative quando fece il giro di boa attorno al Sole, l'8 aprile 1957. L'emisfero nord non fu testimone di una cometa così spettacolare dal 1910, poiché essa apparve davvero notevole. Verso la fine di aprile era visibile alta nel cielo serale di nord-est. La luminosità della testa fu equiparata ad una stella di magnitudine zero, ma fu la coda a polarizzare l'attenzione. Quella principale era lunga circa 30°, diritta, piuttosto larga, puntando verso la stella Polare. Ma la Arend-Roland presentò anche qualche cosa di molto strano, che contraddiceva l'usuale nozione relativa all'emissione di gas dal nucleo cometario. Il gas, e in una certa misura, le polveri che vanno a formare la coda, prendono generalmente una direzione tale da allontanarsi dal Sole. Cioè, le code cometarie sono sempre dirette dalla parte opposta a quella del Sole rispetto alla testa, come se una qualche influenza, una forza che emana dal Sole, da questo le respingesse. La Arend-Roland aveva la sua coda "regolare", come tutte, quella della quale abbiamo accennato sopra. Ma, oltre quella attesa, ve ne era una seconda che, come una spada lunga circa 15°, puntava direttamente verso il Sole! E non è stata neppure l'unica a presentare una coda che punti

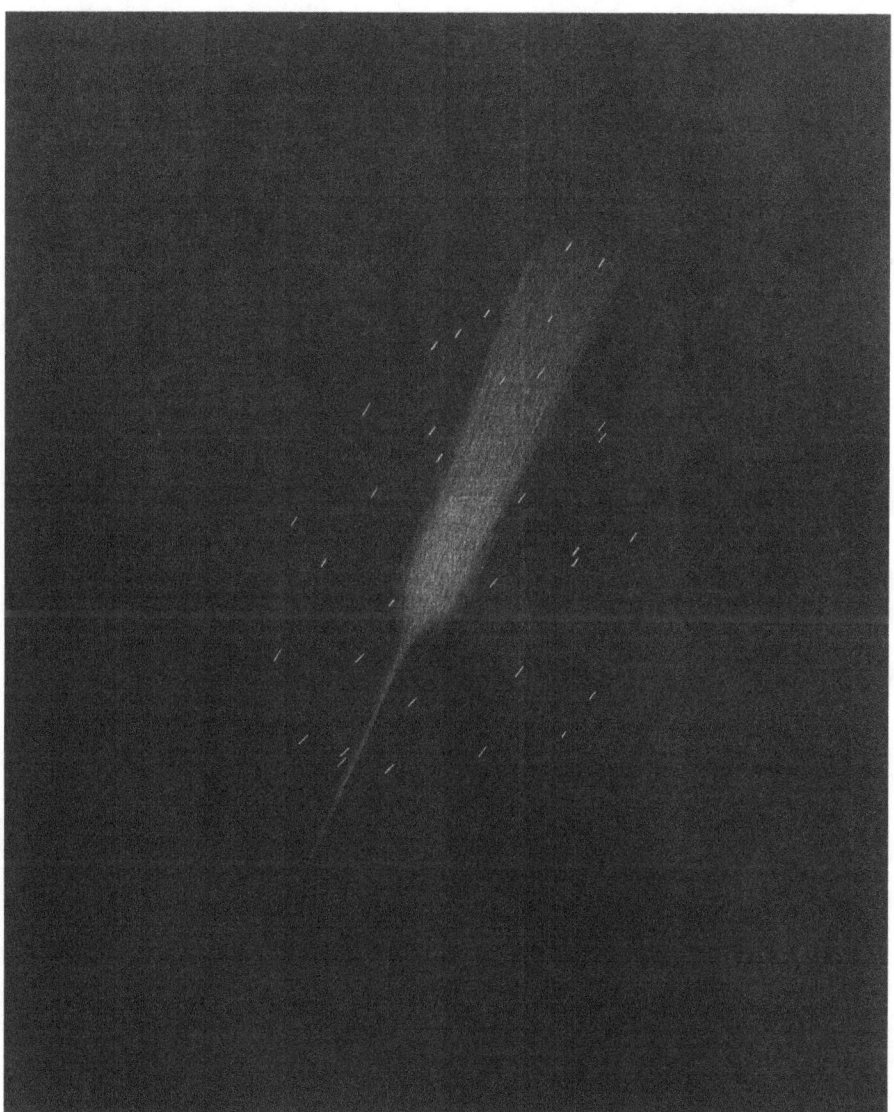

La Arend-Roland, con l'insolita anticoda. Disegno dell'autore ricavato da una fotografia del 1957

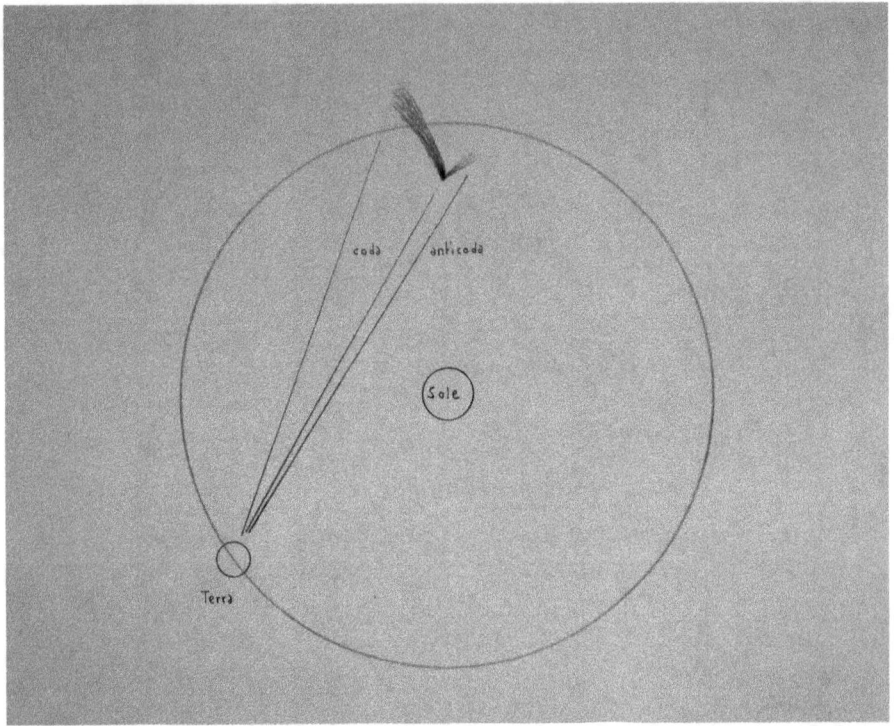

La geometria che spiega l'apparenza dell'anticoda nella cometa Arend-Roland. Disegno dell'autore

sul Sole. Nel passato queste comete venivano etichettate come "barbute" e tra queste la Arend-Roland fu una delle più brillanti. Era da molti anni che non se ne vedeva una così. Ma questa coda, che durò meno di una settimana, puntava veramente verso il Sole? In realtà no; questo aspetto era mostrato per il nostro punto di osservazione, come chiarisce bene la figura relativa.

Ai primi di maggio, con la magnitudine scesa fra la seconda e la terza la Arend-Roland, rimase visibile tutta la notte, come una stella circumpolare, ruotando intorno al polo celeste.

La Mrkòs

Nell'estate del 1957 arrivò un'altra cometa luminosa, formalmente la C/1957 P1 (Mrkòs), dal nome dell'astronomo Antonin Mrkòs che la scoprì il 2 agosto 1957 ad occhio nudo dalla Slovacchia, quando era di 3° magnitudine ed era da pochi giorni passata al perielio (il 29 luglio). In seguito si è saputo che essa venne avvistata già il 29 luglio da S. Kuragano in Giappone e il 31 luglio da un pilota sopra il Colorado, ma entrambi questi avvistamenti vennero comunicati con parecchi giorni di ritardo. Essa fu visibile per breve tempo ad occhio nudo, all'alba, prima del levare del Sole. Al suo massimo (4 agosto) venne stimata di prima magnitudine, analogamente a stelle come Deneb o Spica. Rimase visibile ad occhio nudo fino alla fine di settembre, mentre fu fotografata per l'ultima volta l'8 luglio 1958, come un oggetto diffuso di 19° magnitudine. Il calcolo dell'orbita ha mostrato che il suo afelio, inizialmente a circa 1000 UA, è stato modificato dai pianeti giganti a poco più della metà, portandolo ad una distanza dal Sole di 97 miliardi di km mentre al perielio è passata a 0,355 UA o 53 milioni di km. Anche l'eccentricità è stata ridotta ed ora essa è di 0,9989. Con un'inclinazione di 94°, la Mrkòs percorre un'orbita praticamente perpendicolare a quella terrestre.

La Humason

Questa cometa (C/1961 R1) a lungo periodo, scoperta dal grande astronomo americano Milton L. Humason il 1° settembre 1961, apparve al meglio nel 1962, quando arrivò alla 7° magnitudine. Avendo il perielio a più di 300 milioni di km, essa, nel punto più vicino al Sole, non oltrepassò i limiti dell'orbita di Marte; per questo motivo, benché in senso assoluto fosse più brillante di quella di Halley, rimase una cometa debole. La sua coda, però, presentò un aspetto anomalo. Contrariamente all'immagine usuale della coda lunga, diritta, che si allarga più o meno a ventaglio attraverso il cielo, quello della Humason fu una piccola e strana coda somigliante alla nuvoletta di fumo che esce da una sigaretta, irregolare nella forma, qua e là con qualche condensazione, con rarefazioni, con giochi di turbolenze. Evidentemente, alla notevole distanza alla quale la Humason si mantenne, la forza repulsiva proveniente dal Sole fu sempre troppo esigua per produrre un flusso gassoso di materiale cometario del tipo osservato nelle comete che, invece, si avvicinano molto al Sole. Comunque è indubbio che se la Humason fosse arrivata, come molte altre, in prossimità dell'orbita terrestre, sarebbe stata una delle più vistose di tutta la storia. Infatti, come la Hale-Bopp, si tratta di una cometa gigante, con un nucleo stimato da 41 km di diametro, che la rende circa cento volte più luminosa di una cometa media. Tra il maggio e il giugno 1964 aumentò di splendore di ben 1000 volte (!), passando dalla magnitudine 17,8 alla 10,0. La sua orbita è retrograda, avendo un'inclinazione di 153°; l'eccentricità di 0,9896 la porta fino a 60 miliardi di km dal Sole. L'analisi spettroscopica ha permesso di evidenziare che è molto ricca di CO (monossido di carbonio).

L'Ikeya-Seki

Il 1965 fu l'anno della Ikeya-Seki (C/1965 S1), scoperta nel cielo di sud-est prima dell'alba del 18 settembre dagli astrofili giapponesi Kaoru Ikeya e Tsutomu Seki, che la individuarono indipendentemente a 5 minuti di distanza l'uno dall'altro. Appena calcolata la prima orbita affidabile, si vide che la cometa il 21 ottobre sarebbe passata a soli 1,2 milioni di km dal Sole, ovvero a 450 mila km dall'infuocata superficie solare e che per questo avrebbe potuto divenire la più brillante cometa del XX secolo. Questo annuncio venne accolto con una generale incredulità. Come avrebbe potuto una piccola, fragile palla di neve sporca resistere ad un tale inferno? Tutto il mondo astronomico, sia quello professionale che quello dei semplici appassionati, fu in grande attesa per quello che sarebbe accaduto. Vi fu anche chi previde un vero e proprio impatto. Ma i timori di una sua scomparsa svanirono nell'ottobre-novembre, quando la Ikeya-Seki fu osservabile particolarmente bene dall'emisfero australe, dal Sud Africa, dall'America meridionale, da una parte degli Stati Uniti, dall'Australia. Fu quel che si dice una grande cometa (paragonabile secondo alcuni a quella del 1882) con una testa assai brillante, arrivando, secondo alcuni, a brillare come la Luna piena (magnitudine di quasi −13!), secondo altri fino a −10. Al massimo del suo fulgore alcuni la percepirono a mezzogiorno a solo 2° dal Sole!

Alcuni ritengono che, con la possibile eccezione della Grande Cometa di marzo del 1843 e di quella del settembre 1882, questa fu la più brillante vista in quasi un migliaio di anni. La coda era lunga fra venticinque e trenta gradi; una striscia lunga cinquanta-sessanta volte il diametro apparente del Sole. Sebbene lo show durò poco per gli osservatori dell'emisfero boreale, la coda della cometa rimase visibile ad occhio nudo per settimane dall'Australia e dal Sud Africa.

Furono possibili vari tipi di osservazioni. Vicino al perielio fu rilevata una notevole attività nel nucleo. Corrispondentemente l'analisi spettroscopica mostrò che l'intensità della radiazione solare cui la cometa era soggetta era tale da non consentire il sussistere dei composti molecolari che sempre si osservano e che in quel caso furono spezzati nei loro componenti atomici: sodio, ferro, calcio ed altri elementi. Però, nonostante che la Ikeya-Seki divenisse molto brillante, essa fu un oggetto cospicuo solo per pochi giorni per gli osservatori dell'emisfero boreale. Molti, in Italia, si lamentarono di non essere riusciti neppure a vederla per le condizioni meteorologiche avverse in quei giorni. L'eccentricità di 0,99992 indica un afelio a circa 30 miliardi di km dal Sole con un periodo orbitale che si avvicina al migliaio d'anni. Come molte altre comete che rasentano il Sole, anche questa ha un'orbita retrograda, come indica l'inclinazione di 142°.

F. Moriyama e sei suoi colleghi dell'Osservatorio di Tokyo ripresero la Ikeya-Seki il 21 ottobre 1965 mentre rasentava la superficie del Sole con un coronografo da 12 cm a f/12,5. Questo passaggio radente causò la spaccatura del nucleo in tre parti, di cui una nettamente più brillante delle altre due. Da "Orione", n. 3/1991. Cortesia Il Castello

La Tago-Sato-Kosaka

All'inizio del 1970 arrivò la Tago-Sato-Kosaka (C/1969 T1), dal nome dei tre astrofili giapponesi che la scoprirono il 10 ottobre 1969 Da un punto di vista spettacolare non fu particolarmente notevole in quanto arrivò al massimo alla 3° magnitudine tra la fine del 1969 e l'inizio del 1970, ma si rivelò un oggetto di fondamentale importanza per la conoscenza scientifica delle comete. Intorno ad essa, infatti, fu scoperta una grande nuvola, come un guscio di idrogeno molto rarefatto. Inoltre, questa cometa, che il 21 dicembre 1969 si avvicinò fino a 71 milioni di km dal Sole e il 20 gennaio 1970 a 57 milioni di km dalla Terra, potenzialmente può avvicinarsi al nostro pianeta a meno di 90 mila km, dando origine ad una pioggia di stelle cadenti. La sua eccentricità di 0,999926 la spinge ad oltre 10 mila UA dal Sole, con un conseguente periodo orbitale nell'ordine del mezzo milione di anni! L'inclinazione dell'orbita sull'eclittica vale 76°.

La Bennett

È un destino che quasi tutte le grandi comete siano più luminose quando è possibile vederle solo tra le luci dell'alba o del tramonto. Solo raramente questi grandi visitatori possono essere osservati ben al di sopra delle brume e foschie dell'orizzonte. L'oggetto scoperto nel profondo cielo australe dall'astrofilo sudafricano John C. Bennett nel 1969 con un rifrattore da 127 mm a 21×, quando era di magnitudine 8,5, fu uno di questi ultimi: ciò la rese spettacolare. Questa cometa (dapprima classificata come 1969i e 1970II ed ora C/1969 Y1) superò la soglia di visibilità ad occhio nudo ai primi di febbraio 1970, l'anno della Bennett, la prima cometa vista dall'autore di questo libro. Essa fu dapprima visibile dall'emisfero australe, ma ad iniziare da metà marzo, divenuta di seconda magnitudine, il suo moto la fece salire in Declinazione, rendendola ben osservabile anche dall'Italia. Aumentando in luminosità, il 20 marzo raggiunse la magnitudine 0, quando passò al perielio (a 80 milioni di km dal Sole); allora era osservabile ad est prima dell'alba. Vista ad occhio nudo dispiegava una coda trasparente di gas che si estendeva per oltre una dozzina di gradi ed un'altra coda arcuata di polvere lunga da 20° a 25°. Nel nucleo fu registrata una forte attività, con diverse espulsioni di materiale. Come intorno alla chioma della Tago-Sato-Kosaka, anche intorno a quella della Bennett fu osservato un inviluppo di idrogeno avente un diametro superiore a quello del Sole! Continuando a spostarsi verso nord, alla fine di aprile era divenuta circumpolare. Rimase visibile ad occhio nudo fino alla fine di maggio.

Come non ci sono due fiocchi di neve uguali, così non vi sono due comete uguali, ma la Bennett somigliava molto a quella di Donati, soprattutto per l'attività nel nucleo. Una peculiarità della Bennett è quella d'avere un'orbita proprio ad angolo retto rispetto a quella della Terra, cioè con un valore di 90°. Il periodo orbitale è stato calcolato in circa 1700 anni, durante i quali si allontana dal Sole fino a 42 miliardi di km.

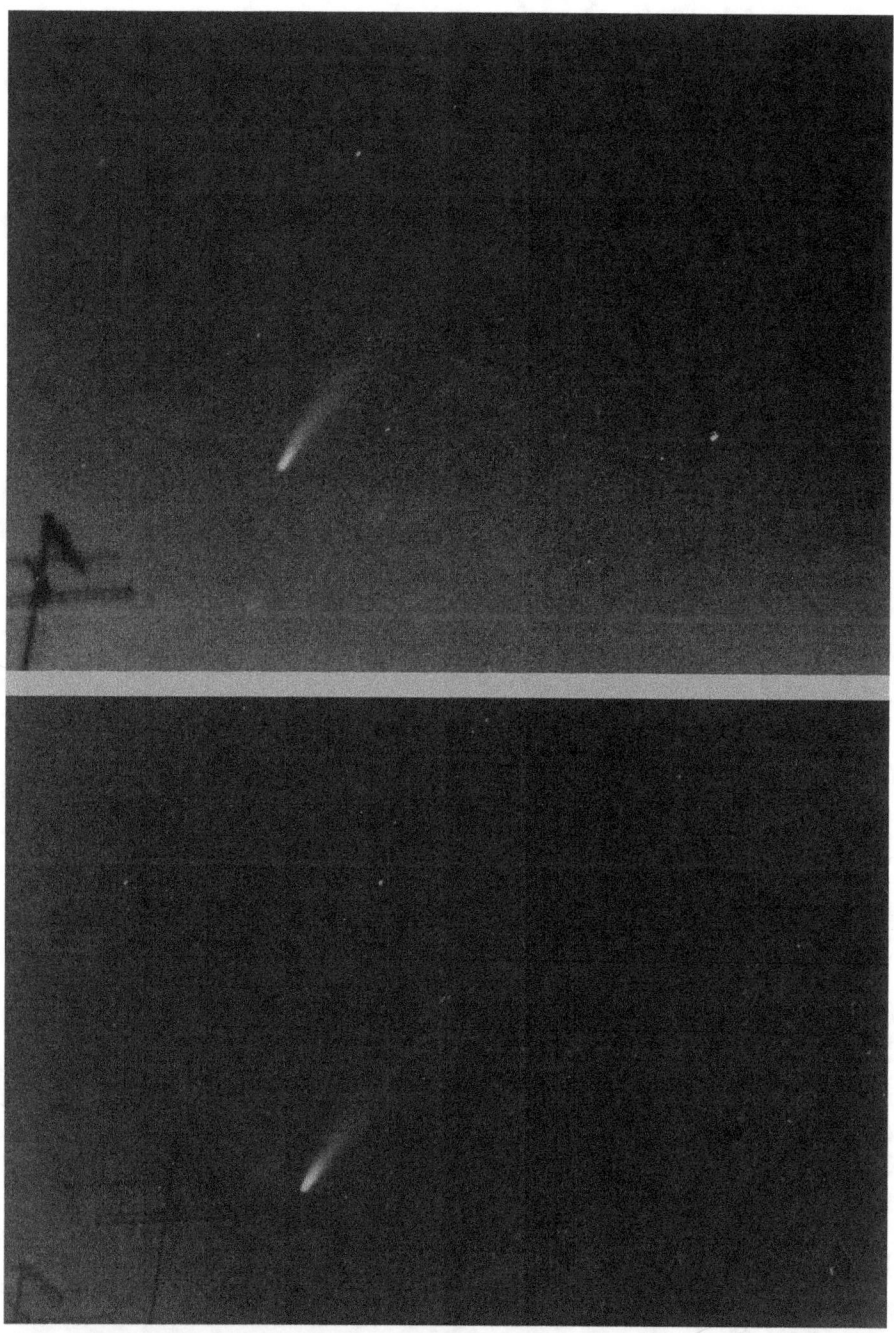

Due immagini della Bennett ottenute dall'autore il 2 aprile 1970 (quella in basso alle 4 e 45; l'altra alle 5 e 15) con una comune macchina fotografica. Posa di 20 secondi con obiettivo da 50 mm aperto a f/2 e pellicola 200 ISO

La Bennett ripresa il 2 aprile 1970 con l'astrografo Zeiss da 20 cm dell'Osservatorio di Torino da Antonio Di Battista. Posa di 3 minuti su lastra 103aO. Cortesia Antonio Di Battista

La Kohoutek

Il 1973 fu l'anno della Kohoutek (C/1973 E1), che rimane ancora oggi una delle più grandi delusioni: vediamo perché. Essa fu scoperta il 7 marzo 1973 da Luboš Kohoutek, un ceco che lavorava con il telescopio Schmidt da 80 cm dell'Osservatorio di Amburgo. Stava facendo delle ricerche su possibili resti della cometa di Biela, scomparsa dopo essersi frantumata nel 1846 e dopo essere tornata per l'ultima volta nel 1852. In luogo di quel che cercava, Kohoutek trovò una leggera nebulosità, indice di una chioma cometaria. Di per sé non sarebbe stata una grande scoperta; già allora, per caso, di comete se ne scoprivano diverse ogni anno. Ma i calcoli mostrarono che la cometa, la cui orbita risultò praticamente parabolica e con inclinazione di 14°, si trovava a circa 700

Comete famose 69

La Kohoutek ripresa dall'autore il 14 gennaio 1974 con l'astrografo da 20 cm di diametro e 114 cm di focale dell'Osservatorio di Torino. Posa di 8 minuti su lastra 103aO

milioni di km dal Sole; se la cometa era già così luminosa a tale distanza, come sarebbe divenuta quando si sarebbe avvicinata al Sole? Estrapolando questi dati, il celebre Brian Marsden, una delle massime autorità mondiali in fatto di comete, calcolò che la Kohoutek, nel passaggio al perielio, avrebbe potuto raggiungere la luminosità della Luna piena! Si prevedeva che sarebbe stata visibile anche in pieno giorno, come le comete del 1811, 1843, 1861 e 1910. Al perielio, raggiunto il 28 dicembre, si sarebbe trovata a 21 milioni di km dal Sole. Per vederla di notte si sarebbe però dovuto attendere gennaio 1974. Per l'aumentata distanza dal Sole la sua luminosità sarebbe diminuita, ma le previsioni dicevano che almeno per tutto febbraio essa sarebbe stata visibile ad occhio nudo. Se fosse andata secondo le previsioni, la Kohoutek sarebbe stata una delle comete più notevoli della storia.

Ma, dopo la scoperta, il suo splendore crebbe molto lentamente e, ancora ad ottobre, la Kohouteh era appena percettibile con un binocolo, presentando una luminosità molto al di sotto delle aspettative e la coda era ancora pressoché inesistente. Alla metà di novembre la cometa era ancora invisibile ad occhio nudo, mentre alla fine del mese era a malapena visibile dalle persone dalla vista più acuta che scrutavano dai luoghi più favorevoli. Nel dicembre divenne percepibile ad occhio nudo, ma non era brillante e la coda aveva una lunghezza di una decina di gradi. Scomparve del tutto il 22 dicembre, una settimana prima di arrivare al perielio. Doppiato il Sole, riapparve in gennaio ma continuò ad essere una delusione per tutti, poiché era appena visibile. A febbraio era scomparsa definitivamente alla vista; solo con un aiuto ottico era possibile continuare a vederla.

Questa esperienza fece dire a Marsden: "Non scommettete mai sulla luminosità delle comete, piuttosto fatelo sui cavalli."

Comunque la Kohoutek essendo stata osservata dall'equipaggio dello Skylab 4 divenne la prima cometa ad essere osservata da astronauti dallo spazio.

La West

Questa cometa, la cui sigla è C/1975 VI (1976 VI), venne rinvenuta dall'astronomo danese Richard West, che l'autore ha avuto il piacere di conoscere in Cile negli Anni 80. Nel novembre 1975, su una lastra presa con il telescopio Schmidt da 1 metro nell'estate 1975 presso l'Osservatorio Australe Europeo (ESO) a La Silla, nelle Ande cilene, West notò una macchia nebbiosa che si rivelò essere una nuova cometa. La cometa si trovava al margine interno della fascia degli asteroidi e stava avvicinandosi al Sole. Inizialmente visibile solo nell'emisfero meridionale, nel febbraio 1976 la cometa si spostò nel cielo settentrionale e aumentò di luminosità. A quel punto le prospettive apparvero subito incoraggianti, ma la recente delusione provata con la cometa Kohoutek, fece astenere gli astronomi dall'alimentare speranze. Anche perché, mentre si avvicinava al Sole, la West appare aumentare di luminosità in modo irregolare e nessuno, fino a circa una settimana prima del passaggio al perielio, si aspettava da essa un grande show. Ma la cometa aumentò bruscamente il suo splendore fino a divenire di magnitudine tra -1 e -2 nel cielo serale occidentale. Il 25 febbraio 1976 arrivò al perielio, ad una distanza dal Sole di circa 30 milioni di km, e in quell'occasione essa venne avvistata da diversi appassionati al telescopio a metà pomeriggio. Addirittura ci fu chi riuscì a vederla ad occhio nudo poco *prima* del tramonto del Sole, dal quale allora distava 7°. Pochi giorni dopo il passaggio al perielio, dalla sua testa giallastra con magnitudine ancora negativa uscì un enorme e complesso sistema caudale esibendo una magnifica coda di gas e di polveri. Il minimo aiuto ottico era sufficiente a mostrare una coda di gas multipla, ma la caratteristica più saliente fu un'enorme coda di polveri lunga 35° che ad occhio nudo appariva di tonalità rosso-opaco. Il 5 marzo il telescopio rivelò una scissione del nucleo dapprima in due parti e, pochi giorni dopo, in quattro parti, piccole, diffuse e poco

La cometa West, che nel 1976 si rivelò un imprevisto spettacolo mattutino. Da "Orione", n. 6/1985. Cortesia Il Castello

luminose. Evidentemente il suo fragile nucleo di ghiaccio non aveva retto al calore enorme che il Sole manifesta a 30 milioni di km dalla sua superficie. Nelle settimane seguenti i frammenti del nucleo si allontanarono l'un l'altro ed uno scomparve. Anche se in allontanamento dal Sole, la cometa rimase un astro appariscente per tutto il mese di marzo; tutti allora ebbero occasione di osservarla prima del sorgere del Sole e quasi certamente fu la cometa più fotografata fino a quel momento. Se la West dovesse seguire l'orbita calcolata (cosa molto improbabile, essendosi frammentata), ritornerebbe dopo circa 300 mila anni!

Questa cometa è stata una delle prime nel cui spettro è stato rinvenuto il gruppo ossidrile (OH), per rilevare il quale furono effettuate osservazioni nell'ultravioletto. Questo gruppo ha origine dalle molecole d'acqua che si separano negli ioni idrogeno (H) e ossidrile (OH) quando vengono rilasciate dal nucleo. In questo caso lo studio spettroscopico rese possibile misurare quanta acqua era stata persa nel passaggio al perielio.

Dopo la West occorrerà attendere per ben venti anni prima di trovare un'altra cometa veramente grande per l'emisfero boreale. Infatti, la cometa Austin del 1990, che aveva dato adito a speranze, si rivelò un'altra Kohoutek.

L'IRAS-Araki-Alcock

Una cometa insolita per la sua apparenza sferica, scoperta sia da un satellite concepito per riprese nell'infrarosso (l'IRAS, InfraRed Astronomical Satellite) che da due astrofili, Genichi Araki in Giappone e George E. D. Alcock in Inghilterra, quest'ultimo maestro di scuola elementare. Alcock la scoprì da Peterborough (circa 95 km a nord di Londra) la sera di martedì 3 maggio 1983 scrutando la costellazione del Dragone *dall'interno* della sua abitazione con un binocolo 15 × 70. Il fatto che la cometa fosse così lontana dall'eclittica non deve stupire, perché la sua orbita ha un'inclinazione di ben 73°. Alcock stava guardando attraverso una finestra *chiusa* poco prima delle ore 23, quando notò un oggetto con un diametro metà di quello lunare diffuso a circa 90° dal Sole. Si rivelò essere una cometa di sesta magnitudine già avvistata dal citato satellite e dall'appassionato giapponese Genichi Araki alcune ore prima di Alcock; ecco perché nella denominazione della cometa il suo nome figura prima. Questa cometa l'11 maggio 1983 passò a soli 4,8 milioni di km dalla Terra, misura che la classifica, tra quelle osservate, come quella passata più vicina alla Terra negli ultimi 2000 anni ad eccezione della Lexell del 1770 e la Halley nel 837. La minima distanza dal Sole, 148 milioni di km (perielio), si ebbe pochi giorni dopo, cioè il 21 maggio.

Essa, che allora ricevette la sigla 1983d e che ora è nota come C/1983 H1, attraversò le costellazioni dell'Orsa Minore e dell'Orsa Maggiore, arrivando ad una luminosità paragonabile a quella della stella Polare. L'esperto di comete John Bortle stimò la sua luminosità massima di m 1,7 e un diametro della testa che lambiva i 2° (ovviamente da un cielo molto buio); quello del nucleo è risultato di circa 8 km. Quindi divenne visibile ad occhio nudo, ma poiché la sua luce era sparsa e non concentrata in un punto, non fu mai un soggetto facilmente visibile ad occhio nudo e, anzi, dall'interno delle città o comunque in presenza di inquinamento luminoso, non fu vista affatto senza un aiuto ottico. Il calcolo ha dimostrato che il suo perielio è a 0,99 UA mentre l'afelio a UA 194. Ne consegue un'eccentricità di 0,99 ed un periodo orbitale di 964 anni.

Shoemaker-Levy9

Questa cometa non è certamente celebre per la sua luminosità o apparizione, ma per un evento davvero insolito: è stata la prima (e fino ad ora l'unica) della quale sia stato possibile prevedere e seguire il suo schianto su Giove! Ebbe le designazioni di 1993e ed D/1993 F2 e fu la nona scoperta dagli stessi ricercatori.

Venne scoperta dagli astronomi Eugene e Carolyn Shoemaker e David Levy il 25 marzo 1993 analizzando una fotografia fatta con il telescopio Schmidt da 46 cm dell'Osservatorio di Mt Palomar (California). Essa stava orbitando attorno a Giove: non era mai accaduto che una cometa fosse scoperta in orbita intorno ad un pianeta e non intorno al Sole. Anche l'aspetto era davvero insolito; si presentava come una serie di punti luminosi immersi nella luminescenza delle loro code: i giornali non tardarono a battezzarla "la collana di perle".

Dopo aver sfiorato Giove, la gravità del pianeta gigante il 7 luglio del 1992 la frammentò in 22 parti e ne variò l'orbita in modo tale che esse sarebbero precipitate sul pianeta. Queste, tra il 16 e il 22 luglio 1994, si schiantarono sull'emisfero meridionale di Giove ordinatamente una dopo l'altra. La sequenza degli eventi è stata seguita dai telescopi a terra e dal telescopio spaziale Hubble, ma, purtroppo, non in modo ottimale dalla sonda Galileo, diretta verso Giove, perché ancora lontana quando avvennero gli impatti. Essi causarono delle macchie scure molto estese, visibili sull'atmosfera del pianeta anche con piccoli telescopi, che durarono diversi mesi prima di svanire. L'evento, oltre ad avere una notevole rilevanza mediatica, contribuì considerevolmente ad accrescere le nostre conoscenze sugli strati atmosferici di Giove.

Immagine dei frammenti della Shoemaker-Levy 9 allineati come in un filo di perle ripresa dal telescopio spaziale Hubble il 17 maggio 1994. Credits: NASA/ESA. Jet Propulsion Laboratory

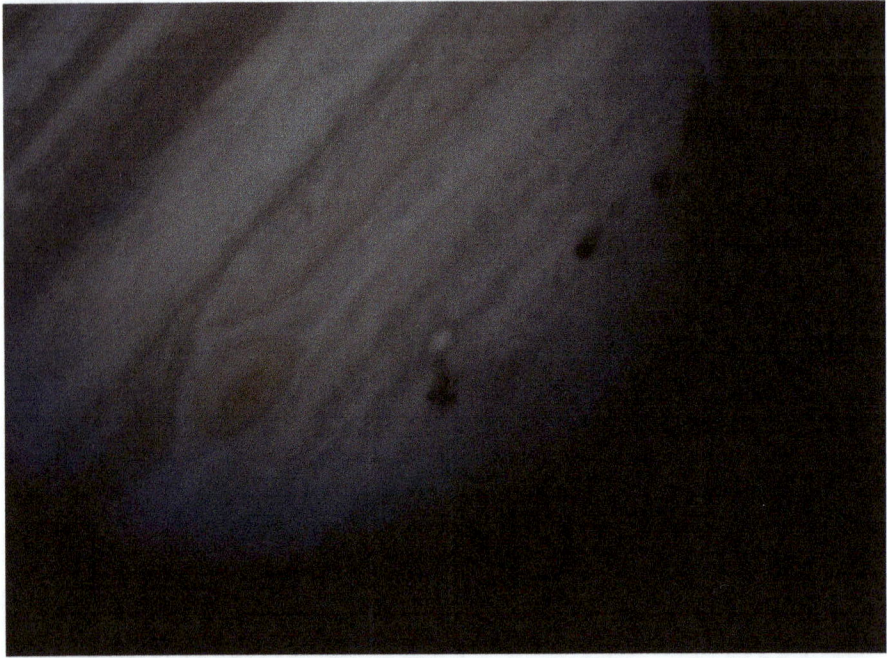

Macchie scure visibili sull'atmosfera esterna di Giove provocate dall'impatto dei frammenti della cometa Shoemaker-Levy 9. Anche questa immagine è dovuta al telescopio Hubble. Credits: NASA/ESA. Jet Propulsion Laboratory

Si ritiene che questa cometa avesse un nucleo originario con un diametro intorno a 2–3 km e che possa essere stata catturata da Giove tra gli Anni 60 e 70 del secolo scorso.

La Hyakutake

Quando venne scoperta, la mattina del 31 gennaio 1996, dal giapponese Yuji Hyakutake con un binocolo da 150 mm, nessuno sospettò che questo oggetto nebuloso di 10° magnitudine sarebbe divenuto una grande cometa. Però l'orbita che ne venne calcolata dimostrò che questa cometa, designata C/1996 B2, era intrinsecamente piuttosto luminosa e che sarebbe passata vicino alla Terra. Dalle osservazioni emerse che essa fu trovata a 1,8 UA dalla Terra e che si sarebbe avvicinata al nostro pianeta fino a 15 milioni di Km. Ciò nonostante, per un po' di tempo, pochi nella comunità astronomica diedero il giusto peso a questo aspetto. Poiché il flyby con la Terra sarebbe avvenuto prima del passaggio al perielio, si pensava che essa sarebbe apparsa come una versione un po' più brillante della IRAS-Araki-Alcock del 1982, ovvero un'estesa macchia nebulosa senza coda.

Ma dalla fine di febbraio all'inizio di marzo divenne chiaro che la Hyakutake avrebbe potuto divenire una grande cometa. A metà marzo essa era già di 4° magnitudine con una coda di oltre 5°. Nei giorni seguenti la sua luminosità ed estensione aumentarono in modo vertiginoso. Il 20 marzo la sua testa rivaleggiava con la Polare ed una debole coda poteva essere individuata fino ad una lunghezza di 25°. La cometa divenne così luminosa da permettere l'analisi dei costituenti minori della chioma, quali composti d'acqua e deuterio (HDO) e metanolo (CH_3OH).

Il massimo venne raggiunto nelle notti dal 24 al 26 marzo 1996, quando essa raggiunse la magnitudine 0 muovendosi nei paraggi della coda dell'Orsa Maggiore e rendendosi così visibile tutta la notte. In quelle notti era uno degli astri più luminosi del cielo. La sua diafana coda raggiunse la lunghezza di 75°; alcuni dissero che sotto condizioni assolutamente ideali la si poteva seguire per 100°! Questa testimonianza è corroborata dal fatto che la sonda Ulysses rilevò (il 1° maggio 1996) gas nella coda a 570 milioni di km dal nucleo! A tale distanza l'interazione con il campo magnetico del vento solare scompose i gas della coda in più sezioni.

Dopo il 29 marzo la grande coda della Hyakutake fu in gran parte resa invisibile dalla luce della Luna crescente, ma essa risorse parzialmente a metà aprile. Allora la cometa splendeva come la Polare e la coda si estendeva per una lunghezza compresa fra i 30 e i 40 gradi. Questo ulteriore spettacolo durò circa una settimana, dopo essa scomparve nel crepuscolo serale.

La Hyakutake è stata la prima cometa in cui sia stata rilevata emissione di raggi X, che furono emessi quando gli elettroni della chioma vennero catturati dagli ioni del vento solare.

La Hale-Bopp

Questa è la cometa che, a parte i giovani, le persone di oggi ricordano, grazie alla sua spettacolare apparizione del 1997. Oggigiorno coloro che affermano di aver visto solo una cometa nella loro vita, si riferiscono quasi sicuramente alla Hale-Bopp o C/1995 O1. Questa è stata probabilmente la cometa più osservata del XX secolo, non tanto per la sua pur considerevole luminosità (arrivata tra 0 e −1), quanto per essere rimasta visibile ad occhio nudo per ben 18 mesi (!), il doppio della Grande Cometa del 1811.

Venne scoperta dagli statunitensi Alan Hale (astronomo) e Thomas Bopp (astrofilo), rispettivamente con dei riflettori newtoniani da 41 e 44 cm, il 23 luglio del 1995 vicino all'ammasso globulare M70 (nel Sagittario), quando si trovava ancora molto lontana dal Sole, 7,2 UA, tra Giove e Saturno. Il fatto che a quella distanza appariva di 11° magnitudine, voleva dire che era molto grande, con un diametro (nucleo) nell'ordine dei 50 km. In seguito la si è rintracciata in una foto ottenuta nel 1993 dall'Osservatorio Anglo-australiano, a 13 UA dal Sole. Allora era circa 20 mila volte (!) più luminosa di quanto non sia la Halley a quella distanza. Come previsto, è divenuta ben visibile da tutto l'emisfero boreale, arrivando già alla seconda magnitudine a febbraio. Ovviamente la si è potuta ammirare molto bene anche dall'Italia, soprattutto nei mesi di marzo e aprile 1997, ovvero intorno al passaggio al perielio (1° aprile), a 137 milioni di km dal Sole; allora la cometa viaggiava a 158 mila km/ora. In quei mesi era visibile anche dall'interno delle grandi città, dove però dispiegava una coda lunga solo qualche grado. Ma da siti ottimali si presentava in tutto il suo splendore, superando qualsiasi stella del cielo notturno eccetto Sirio, con una seconda coda azzurra dovuta ai gas espulsi dal nucleo mentre la coda più brillante, quella di polveri, appariva estesa fino a 30–40°. La minima distanza dalla Terra si è avuta il 22 marzo 1997 ed è stata di 197 milioni di km. La determinazione dell'orbita ha permesso di appurare un'inclinazione di 89° e un'eccentricità di 0,9953. Da questo valore scaturisce che questa cometa visitò il sistema solare interno verso il 2200 a.C., mentre il prossimo passaggio dovrebbe avvenire intorno al 4400, poiché il suo afelio attuale è a 360 UA. Comunque ancora nel 2004 la Hale-Bopp era osservabile con un grande telescopio e il telescopio spaziale Hubble è stato potenzialmente in grado di fotografarla fino al 2020, quando era di 30° magnitudine.

La Hale-Bopp, una delle comete più osservate e fotografate di tutti i tempi. Per realizzare questa foto, il 30 marzo 1997, Osvaldo Bartolucci ha utilizzato un obiettivo da 180 mm di focale aperto a f/2,8. Posa di 6 minuti su pellicola da 1000 ISO. Cortesia Osvaldo Bartolucci

Grazie alla sua luminosità e alla lunga permanenza nel nostro cielo, la Hale-Bopp è stata ripresa da moltissimi appassionati. Eccone un altro esempio. Per questa foto, del 14 marzo 1997, Renato Dello Stritto si è avvalso di un teleobiettivo da 200 mm aperto a f/4. Posa di 16 minuti su pellicola da 1600 ISO. Cortesia Renato Dello Stritto

Tabella 1 Comete del XX secolo che hanno raggiunto la 2° magnitudine

Designazione	Nome	Passaggio al perielio	Magnitudine
C/1901 G1	Viscara	24 aprile 1901	−1,5
C/1907 L2	Daniel	4 settembre 1907	+1,5
C/1910 A1	Grande Cometa di Gennaio	17 gennaio 1910	−5,0
1P/1909 R1	Halley	20 aprile 1910	0,0
C/1911 S3	Beljawski	10 ottobre 1911	+1,5
C/1911 O1	Brooks	28 ottobre 1911	+2,0
C/1917 F1	Mellish	11 aprile 1917	+1,5
C/1927 X1	Skjellerup-Maristany	17 dicembre 1927	−6,0
C/1941 B2	De Kock-Paraskevopoulos	27 gennaio 1941	+2,0
C/1947 X1	Grande Cometa Australe	2 dicembre 1947	0,0
C/1948 V1	Cometa Eclisse	27 ottobre 1948	−3,0
C/1956 R1	Arend-Roland	8 aprile 1957	0,0
C/1957 P1	Mrkos	29 luglio 1957	+1,0
C/1962 C1	Seki-Lines	1 aprile 1962	−0,5
C/1965 S1	Ikeya-Seki	21 ottobre 1965	−10,0
C/1969 Y1	Bennett	20 marzo 1970	+0,5
C/1970 K1	White-Ortiz-Bolelli	14 maggio 1970	+1,0
C/1973 E1	Kohoutek	28 dicembre 1973	−2,0
C/1975 V1	West	25 febbraio 1976	−2,0
C/1983 H1	IRAS-Araki-Alcock	21 maggio 1983	+1,5
C/1986 B2	Hyakutake	1 maggio 1996	0,0
C/1995 O1	Hale-Bopp	1 aprile 1997	−0,5

L'ordine è quello del passaggio al perielio.
La magnitudine indicata è quella massima.
Il valore della magnitudine in alcuni casi è fuorviante nell'indicare la spettacolarità della cometa. Ad esempio, la Ikeya-Seki, benché fosse giunta all'eccezionale valore di almeno −10, non fu mai veramente spettacolare in quanto raggiunse questo valore quando era vicinissima al bagliore solare. Altrettanto dicasi della Kohoutek. Al contrario, la Bennett e la Hyakutake furono molto appariscenti.
Si noti come in questa lista *non* compare la Halley nel suo ritorno del 1986.

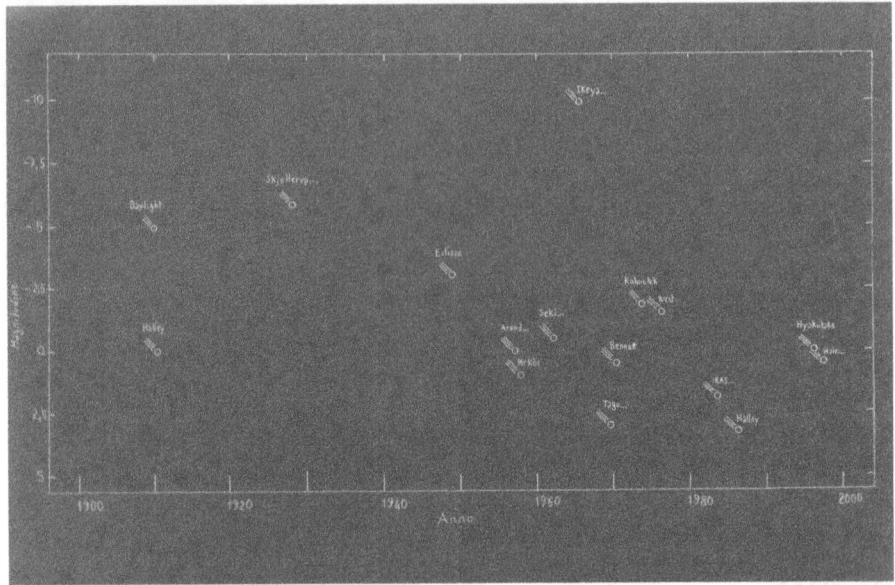

Questo nostro schema mostra in quali anni e con quali magnitudini sono apparse comete notevoli del XX secolo. Come detto nel testo, una magnitudine elevata non indica necessariamente una apparizione spettacolare, come dimostrarono l'Ikeya-Seki nel 1965 e la Kohoutek nel 1973–1974. Il caso fu molto eclatante per l'Ikeya-Seki, che raggiunse una magnitudine eccezionale quando era vicinissima al Sole, ma il bagliore del cielo in cui si proiettava non ne consentiva una visione gratificante. La lunghezza della coda è rappresentata, simbolicamente, uguale per tutte. Disegno dell'autore

La cometa di Halley

Come è noto, la cometa di Halley è la più famosa. Ma perché? Per due motivi; perché è stata la prima della quale si è riconosciuta la periodicità e perché – tra quelle periodiche a "breve" periodo – è la più luminosa.

Dopo che Edmond Halley notò che le comete del 1531, 1607 e 1682 erano la stessa, studi successivi hanno mostrato che questa cometa fu vista parecchie volte dall'umanità.

Il primo passaggio documentato della Halley risale addirittura al maggio del 240 a.C., quando venne registrata dai cinesi, che hanno indicato l'apparizione di una cometa dapprima ad est e poi ad ovest. Per il passaggio successivo, quello del novembre del 164 a.C., non è stata trovata alcuna traccia di qualche osservazione, né presso i cinesi né nel mondo occidentale. I cinesi, invece, registrarono la sua apparizione nell'agosto del 87 a.C. e questo passaggio venne citato anche da Cicerone. Ma molta più risonanza ebbe il passaggio del 12 a.C. (da ottobre a novembre). Addirittura c'è chi lo mise in relazione con la stella dei Magi. Questa ipotesi però è stata respinta dalla stragrande maggioranza degli studiosi della "stella di Betlemme" in quanto la data è troppo lontana dall'anno della natalità formulato da Dionigi il Piccolo. In quell'anno morì Agrippa, genero di Augusto e in proposito si è trovato scritto quanto segue: "prima della morte di Agrippa, si vide per parecchi giorni una cometa, era come sospesa sulla città di Roma;". I cinesi la osservarono accuratamente, indicando la sua posizione in cielo e la sua velocità. Questo è il primo passaggio che ha permesso una buona ricostruzione del suo percorso in cielo.

La prima comparsa della Halley dopo Cristo si ebbe nel febbraio dell'anno 66. I cinesi la osservarono fino ad aprile ed indicarono una lunghezza massima della coda di 12°. Tutte le osservazioni si ebbero dopo il passaggio al perielio, che si verificò il 25 gennaio. Un'altra orbita e la cometa si ripresentò nell'anno 141 ed anche questo passaggio venne osservato e registrato scrupolosamente dai cinesi. In quell'anno essi la scoprirono il 27 marzo nel cielo del mattino, quando presentava una coda blu-bianca lunga 9–10°. Venne persa di vista in maggio, quando era tra le stelle del Leone.

Il passaggio del maggio 218 fu il sesto e l'ultimo documentato in Cina sotto la dinastia Han, che fu sostituita da tre regni. Esso venne ricordato anche nell'impero romano da Dione Cassio, che accennò ad una cometa visibile per lungo tempo e ad un'altra stella la cui coda allungata da ovest verso est fu visibile per diverse notti e causò un gran panico. In realtà non vi furono due comete ma sempre la Halley, che apparve sia al mattino che alla sera. Nel passaggio al perielio dell'aprile 295 la cometa fu seguita per quasi due mesi ma non si hanno dati precisi, neppure da parte dei cinesi. La cometa tornò nel febbraio 374, quando nel mondo occidentale vi era stato il grande cambiamento dovuto alla libertà di culto dei cristiani grazie all'imperatore Costantino. Purtroppo qui le fonti cinesi sono confuse, comunque secondo un'accurata ricostruzione essa rimase visibile per circa 2 mesi e sviluppò il massimo splendore (ben −3m!) tra il 27 marzo e il 2 aprile. Il passaggio del giugno 451 vede la cometa testimone della tremenda battaglia dei Campi Catalaunici, dove i Romani guidati da Ezio, con l'aiuto dei Visigoti, sconfissero gli Unni di Attila. In questa circostanza la Halley, che si rese visibile per due mesi, apparve il 10 giugno in prossimità delle Pleiadi, divenne luminosa quanto Giove e sparì verso la metà di agosto, quando era proiettata nella costellazione del Corvo.

Il passaggio seguente avvenne all'inizio dell'autunno 530 e su di esso si trovano scritti occidentali, ma purtroppo imprecisi. La fonte migliore fu, ancora, quella cinese, in base alla quale la cometa apparve il 29 agosto all'alba con una coda bianca lunga 9°. Scomparve il 27 settembre. Mentre il passaggio del 530 avvenne in prossimità dell'equinozio d'autunno, quello del 607 (marzo) fu prossimo a quello di primavera. Purtroppo la ricostruzione di questo passaggio è risultata problematica poiché le registrazioni cinesi (di occidentali non ce ne sono) sono ingarbugliate in quanto nel 607 le comete osservate in Cina furono tre e due nello stesso periodo. Una cosa è certa: nel 607 la Halley non fu particolarmente brillante o cospicua. La credenza che l'apparizione delle comete doveva indicare un evento di grande portata sulla terra ricevette grande impulso nel passaggio successivo, quello del settembre–ottobre 684. Quell'anno fu testimone di un fatto inusuale, ovvero nel trono imperiale della Cina sedeva una donna. I Cinesi riportano che il 6 settembre 684 apparve a ovest una cometa con una coda lunga oltre 15° e che sparì il 24 ottobre.

Una descrizione molto precisa si ebbe nel passaggio del 760 (maggio) grazie ai cinesi, ma questa fu registrata anche in Europa, come riporta il cometogra-

La Halley nell'apparizione del 684 in base ad una xilografia realizzata nel 1493. L'immagine, eseguita ben otto secoli dopo, ha solo un valore simbolico. Disegno dell'autore della figura pubblicata nel *Liber Chronicorum* a Norimberga

fo Pingré: "... una cometa molto luminosa, imitante la figura di una trave, apparve per 10 giorni nel lato di oriente, e in seguito a occidente per 21 giorni." Sulla base di tutti i dati disponibili si è ricostruito che la cometa dovette essere avvistata il 16 maggio, passò al perielio il 22 maggio e fu vista per oltre 50 giorni, fino al 9 luglio, quand'era proiettata nella costellazione della Vergine.

Un'attenzione particolare merita il passaggio del 837. In questa occasione, infatti, esattamente il 9 aprile, la cometa si avvicinò alla Terra più che in ogni altra occasione, a meno di 6 milioni di km, divenendo di conseguenza molto brillante ed estesa. Si tenga presente che, in media, essa transita a distanze comprese fra i 20 e gli 80 milioni di km. Secondo i cinesi il fenomeno più interessante di quell'anno fu l'apparizione di una cometa luminosissima, con una coda che spazzava più di mezzo cielo e che si muoveva velocemente. Ovviamente il fenomeno colpì anche gli europei e il fenomeno fu descritto da diversi storici e cronisti. Le ricostruzioni attuali ci dicono che la cometa apparve il 22 marzo, dopo il passaggio al perielio, mentre si stava già allontanando dal Sole ma si avvicinava alla Terra. Sulla base delle osservazioni cinesi risulta che, ad onta dell'imponenza di questa apparizione, si vide per soli 37 giorni. Sicuramente, nel mondo occidentale, in pieno Medioevo, questa enorme e abbagliante cometa dovette incutere molto timore nella popolazione. Tanto appariscente fu la Halley nel 837 quanto insignificante nel passaggio successivo, ovvero quello del luglio 912, per il quale disponiamo di osservazioni scarse e imprecise. La cosa non sorprende per l'occidente, dove vi erano tempi bui ed anche il papato si trovava in una delle sue epoche di maggior decadenza. In questa circostanza sono scarse e pure discordanti anche le osservazioni orientali, tali da non identificare la Halley con certezza. Ad esempio, i cinesi riportato: "Il 13 maggio la cometa apparve nell'Idra e il 15 maggio nel Leone." I giapponesi invece: "Il 19 luglio una cometa apparve a nord-ovest, il 24 luglio a sud-est e il 25 luglio a nord-ovest; il 28 luglio fu vista a ovest." Si riferivano alla stessa cometa?

Il passaggio del settembre 989 è l'ultimo del primo millennio della nostra era. In quell'anno la cometa fu visibile dal 12 agosto al 12 settembre, nelle costellazioni dei Gemelli e dell'Auriga. Intorno alla metà di agosto fu vista nel cielo dell'alba. Poi si vide alla sera, dopo il tramonto, nel cielo occidentale, passò in Bootes e infine raggiunse la Vergine, dove sparì.

Nel passaggio del 1066 (marzo) la Halley fu associata ad un avvenimento ben determinato: l'invasione dell'Inghilterra da parte dei Normanni. Nella battaglia di Hastings (14 ottobre) Guglielmo il Conquistatore sconfisse Aroldo e fu incoronato re d'Inghilterra. La cometa apparve molto luminosa nei mesi di aprile e maggio; essa venne non solo descritta ma anche maledetta come "sorgente di lacrime per molte madri". Essa venne anche rappresentata nell'Arazzo di Bayeux che, con 58 riquadri, descrive gli avvenimenti di quell'anno.

In quel passaggio la Halley venne ricordata anche in Italia in un manoscritto dell'XI secolo: "Nell'anno dell'Incarnazione del Signore 1066, ai 5 di aprile apparve una stella cometa sul fare del giorno in oriente, e fiammeggiò per 15 giorni, cioè fino al 19 aprile; e questa medesima apparve in occidente verso sera, il 24 aprile, simile a un'oscurata Luna, con una coda che si stendeva come fumo fin quasi a mezza altezza di cielo e fiammeggiò quasi fino alle calende di giugno." Secondo le ricostruzioni moderne, la Halley, che passò a soli 14 milioni di km dalla Terra, apparve la mattina del 2 aprile in Pegaso e riapparve la sera del 24 aprile a nord-ovest mentre il 25 aprile attraversava l'Auriga. Scomparve il 7 giugno nell'Idra.

Il passaggio dell'aprile 1145 fu descritto dettagliatamente dai giapponesi, secondo i quali il 9 maggio la sua coda era lunga circa 30° e diretta verso ovest. In base alle registrazioni pervenuteci, la cometa dovette apparire molto brillante perché la si vide anche quando c'era la Luna piena. Venne scoperta

La Halley rappresentata nell'Arazzo di Bayeux, che riproduce le vicende dell'invasione normanna dell'Inghilterra nel 1066. Da "Orione", n. 2/86. Cortesia Il Castello

nel crepuscolo del mattino intorno al 15 aprile; aumentò di splendore alla fine del mese per poi scomparire nei primi giorni di maggio. Ricomparve nel cielo della sera, a nord-ovest, il 14 maggio, quindi venne a trovarsi nell'Idra, dove, in giugno, scomparve.

La ricostruzione del passaggio del settembre 1222 è stata molto complessa ed anche ora non del tutto soddisfacente. Si ritiene che dalla Corea la cometa fu vista il 3 settembre nell'Orsa Maggiore. Allora aveva una coda lunga 4° e diretta verso ovest. Secondo i giapponesi l'8 settembre la testa era bianca e la coda, lunga oltre 30°, rossa. Pare, addirittura, che il 9 settembre sia risultata percepibile anche di giorno! La testa splendeva come Giove. Il 23 ottobre, dopo aver attraversato la Bilancia e raggiunto lo Scorpione, si affievolì a tal punto da divenire invisibile.

Con il passaggio dell'ottobre 1301 si iniziano a trovare registrazioni sufficientemente precise anche in Europa. La cometa fu visibile dal 14 settembre al 31 ottobre. All'inizio la coda era lunga 7°, ma in seguito raggiunse i 15° per ridursi, prima di sparire, a 1,5°. Fu però piuttosto brillante, in quanto venne paragonata a Procione, stella di magnitudine 0,35. Dal 1979 questo passaggio è divenuto famoso perché è emerso che la "stella" dipinta da Giotto nell'adorazione dei Magi della Cappella degli Scrovegni a Padova è una raffigurazione della cometa di Halley vista dal pittore nel 1301 e dipinta fra il 1304 e 1305.

Se per il 1301 le cronache e le testimonianze europee erano state abbondanti, per il passaggio del novembre 1378 esse, invece, furono quasi del tutto

La Halley dipinta da Giotto nella cappella degli Scrovegni a Padova. Da "Orione", copertina n. 6/1985. Cortesia Il Castello

assenti. Anche per le osservazioni cinesi si ebbero meno notizie del solito. Secondo questi la cometa apparve il 26 settembre nell'Auriga, con una coda lunga oltre 15°. Poi entrò nell'Orsa Minore e Orsa Maggiore. Infine nelle costellazioni di Ercole, Serpente e Ofiuco dove, il 10 novembre, sparì.

L'ultima apparizione medievale della Halley si ebbe nel giugno 1456, ed anche in questa occasione non fu vistosa come nel 66, 837 o 1066. Le cronache cinesi riportano che una cometa con una coda lunga 3,5° apparve nell'Ariete il 27 maggio del 1456. La coda raggiunse la lunghezza di oltre 15° il 7 giugno per poi iniziare a diminuire. Il 6 luglio si era ridotta a 1,5°.

La cometa di Halley scomunicata?

Durante il suo passaggio del 1456 Costantinopoli era da poco caduta in mano dei Turchi e nel giugno di quell'anno essi stavano invadendo l'Europa. La comparsa della cometa venne interpretata come un certo segno della collera divina: i musulmani vi vedevano una croce, i cristiani la spada ricurva dei Turchi. In questi anni di grande pericolo per la cristianità era papa Alfonso Borgia col nome di Callisto III; egli ordinò che le campane di tutte le chiese fossero suonate ogni giorno a mezzogiorno e invitò i fedeli a dire una preghiera per scongiurare i Turchi. In diverse pubblicazioni del XIX e inizio XX secolo si trova che, oltre a scomunicare i Turchi, il papa scomunicò anche la cometa! Ma questa affermazione, che gettava discredito non solo sul papato ma sul cattolicesimo in generale, venne smentita nel 1909 da Padre J. Stein, che dimostrò come questa vicenda falsa fosse scaturita da un'informazione imprecisa e poco chiara. Interpretando in modo scorretto pubblicazioni dell'epoca si arrivò a distorsioni tali per cui il direttore dell'Osservatorio di Parigi F. Arago arrivò nell'Ottocento a parlare di "scomunica della cometa". L'autorità di Arago era tale che su di esso si basarono scrittori successivi. Per fortuna la verità è venuta a galla; Stein ha dimostrato che è falsa l'introduzione dell'invocazione voluta da Callisto III "Salvaci Signore, dal diavolo, dai Turchi e dalla cometa". La stessa bolla era quella consueta della messa contro i pagani contenuta nel Messale Romano.

L'apparizione dell'agosto 1531 è la prima delle tre dalle quali Halley notò l'analogia del percorso orbitale e poté affermare che si trattava dello stesso astro che tornava a presentarsi. La cometa apparve ai primi di agosto e divenne più visibile verso la metà del mese. Essa fu osservata da Pietro Apiano che in questa occasione scoprì, indipendentemente da Girolamo Fracastoro, che la direzione della coda delle comete è sempre opposta al Sole. Il 13 agosto la coda della Halley era lunga 15°. Andando verso sud ed entrando nella Vergine la cometa divenne via via più debole fino a sparire l'8 settembre. Con l'inizio del XVI secolo le osservazioni del cielo compiute in occidente iniziano ad essere più complete e più precise di quelle cinesi.

Il passaggio dell'ottobre 1607 fu osservato da grandi astronomi. Keplero iniziò a vedere la Halley il 27 settembre e la seguì fino al 26 ottobre. Longomontano, che la vide dal 28 settembre, stimò che la testa arrivò ad eguagliare la luminosità di Giove. La coda, dapprima assente, arrivò ad una lunghezza massima di 8–10°. Questo è il secondo passaggio del quale si servì Halley per determinarne l'orbita. I primi a vedere la Halley nel passaggio del settembre 1682 furono i gesuiti di Orleans il 23 agosto. Cassini la seguì dal mattino del 26 fino al 21 settembre. Lo splendore oscillò tra le magnitudini prima e seconda, ma il 20 settembre era già sceso alla terza. La coda raggiunge la massima lunghezza, di 30°, il 29 agosto. In Italia la osservarono Montanari da Padova e Marchetti da Pisa. Questo fu l'unico passaggio in cui Halley osservò la "sua" cometa e il terzo grazie al quale capì che le apparizioni del 1531, 1607 e 1682 erano dovute allo stesso astro che ritornava vicino al Sole. Per la prima volta e d'ora in avanti per le osservazioni della Halley ci si poteva avvalere di uno strumento che amplificava la capacità della nostra vista: il telescopio, la cui invenzione si fa risalire al 1608.

Il ritorno del marzo 1759 è il primo che venne predetto, grazie ad Edmond Halley. Avendo già una conoscenza approssimativa della regione di cielo dalla quale sarebbe comparsa, la si iniziò a cercare col telescopio prima che divenisse visibile ad occhio nudo. Il primo a rinvenirla fu il tedesco Johann G. Palitzsch il 25 dicembre del 1758 da una località vicina a Dresda. Allora non era che una piccola nuvoletta di luce luminosa di magnitudine 8,5 ovvero 10 volte più debole delle stelle più fievoli visibili ad occhio nudo. Con l'avvicinarsi al Sole e alla Terra la cometa divenne più luminosa fino a splendere come una stella di 3 m. Vista al telescopio mostrava un nucleo molto brillante grande circa la metà di Giove, ma ad occhio nudo era un astro poco appariscente. La cosa non è strana perché il passaggio del 1759 fu in assoluto uno dei meno favorevoli per le latitudini medie dell'emisfero boreale. Vista da Parigi (lat. 48,8°) il 14 maggio la testa era di 4 m e la coda lunga 3°; il 22 maggio era al limite della visibilità ad occhio nudo. Fu invece rilevante da latitudini vicine all'equatore; dall'India (lat. sui 20°) venne misurata, il 5 maggio, una coda lunga addirittura 47°! L'ultima osservazione fu compiuta a Lisbona il 22 giugno. Dopo quella data nessuno riuscì più a vederla.

Se per il ritorno del 1759 si aveva un'idea approssimata della regione di cielo in cui la cometa sarebbe ricomparsa, per quello del novembre 1835 le effemeridi erano più precise. Così, ottimisticamente, si iniziò a cercarla, già nel dicembre del 1834. Ma allora essa era ancora troppo debole per poter essere avvistata con i telescopi dell'epoca. Per la scoperta si dovette attendere la notte tra il 5 e il 6 agosto 1835, quando E. Dumouchel la avvistò da Roma nella costellazione del Toro. Poi, tra il 21 e il 31 agosto fu vista da numerosi astronomi e venne seguita fino al 19 maggio 1836. Si iniziò a vederla ad occhio nudo il 23 settembre. Il 9 ottobre fu stimata di 2,4 m, il 10 di 2,0 m e il 12, quando passò alla minima distanza dalla Terra (28,4 milioni di km) l'Amici, a Firenze, stimò la testa più brillante di tutte le stelle dell'Orsa Maggiore, cioè di circa 1,5 m. Il 18 ottobre, per Airy, che la osservava da Cambridge (Inghilterra) era confrontabile con Altair, cioè di 0,9 m ma già il 22 ottobre Bessel la stimò di 3 m e il 15 novembre, alla vigilia del passaggio al perielio, appariva di 4 m. Poco dopo il passaggio al perielio scomparve tra i raggi del Sole. Il 30 dicembre fu rivista da Kreil a Milano, mentre si tuffava nell'emisfero australe fino a raggiungere in gennaio la declinazione di −32°, ma in seguito tornò a risalire. A fine gennaio la testa era di 2,5 m ma non si trovò traccia di coda. Questo fu un comportamento davvero insolito, dal momento che le comete sviluppano la coda soprattutto dopo il passaggio al perielio. Prima del passaggio al perielio, invece, la coda era non solo visibile ma anche lunga (fino a oltre 20° secondo W. Struve il 14 ottobre). Considerando questa ed altre stime pare che la lunghezza massima sia giunta a 25°, equivalenti a 13 milioni di Km; un valore modesto per una grande cometa. Stranamente, quando passò al perielio, la lunghezza era già diminuita. L'ultima osservazione, ovviamente al telescopio, fu quella di Boguslawky da Breslavia del 19 maggio 1836. Grazie al telescopio fu osservata per nove mesi e mezzo, impresa mai riuscita prima.

Con il primo passaggio del XX secolo ed in assoluto il penultimo, quello dell'aprile 1910, gli astronomi, oltre a disporre di telescopi più efficienti, avevano un nuovo potente mezzo d'indagine: la fotografia, la cui scoperta si fa risalire ufficialmente al 1839. E fu proprio grazie alla fotografia che essa venne rinvenuta per la prima volta in questo primo passaggio del XX secolo. L'impresa riuscì la notte dell'11 settembre 1909 a Max Wolf dall'osservatorio di Heidelberg (Germania). Era ancora distante mezzo miliardo di chilometri, proiettata nella costellazione dei Gemelli ed appariva di magnitudine 16,5, cioè 15 mila volte più debole delle più deboli stelle visibili ad occhio nudo. Non era mai stata vista così lontana: oltre la fascia principale degli asteroidi. Subito i più grandi telescopi del mondo vennero puntati su di essa, che esibiva una chioma dal diametro di soli pochi secondi d'arco. La sera del 16 settembre S. W. Burnham riuscì a vederla direttamente attraverso il telescopio rifrattore da 1 metro di Yerkes, da pochi anni entrato in funzione. Era di magnitudine compresa fra la 15,5 e la 16,0. Da allora le osservazioni divennero innumerevoli. L'11 febbraio divenne visibile ad occhio per le viste acute e tra queste c'è da annoverare Max Wolf. Iniziò a rendersi facilmente visibile ad occhio nudo dalla seconda decade di aprile, poco prima di passare al perielio. Allora la testa era di magnitudine 2,5 e la coda lunga una decina di gradi. Nonostante questa apparizione dimessa, la Halley tornò a fare paura e questa volta su una base scientifica. Gli ultimi calcoli sul suo moto mostravano che la notte fra il 18 e 19 maggio la Terra si sarebbe venuta a trovare allineata con il Sole e con la testa della cometa.

Una conseguenza era che la cometa si sarebbe dovuta vedere passare davanti al Sole. L'altra, ben più preoccupante per l'umanità, era che se la coda della cometa fosse stata più lunga di 26 milioni di km, avrebbe investito la Terra. E le misure dell'ultima decade di aprile mostravano che raggiungeva i 33 milioni di km. La preoccupazione era alimentata dal fatto che l'analisi della coda di una cometa osservata due anni prima (la Morehouse) aveva rivelato la presenta di ossido di carbonio e di cianogeno, due gas velenosi. Purtroppo la stampa a grande tiratura alimentò queste paure e a poco valsero le affermazioni degli

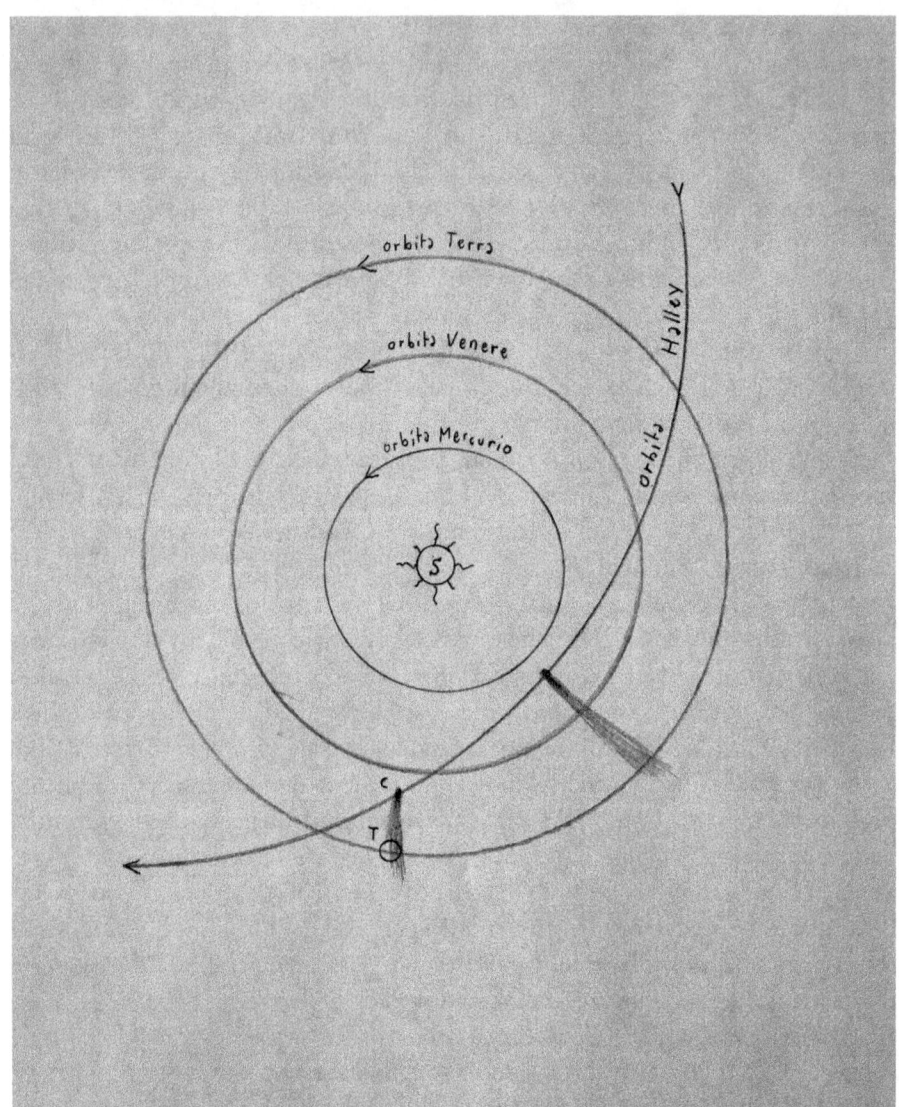

Come la Terra in T la notte fra il 18 e il 19 maggio 1910 è venuta a trovarsi nella coda della cometa di Halley (C). La posizione in cui la cometa mostra la coda più lunga è quella del perielio. Si noti come l'orbita di Mercurio non è concentrica al Sole (S). Disegno dell'autore da un originale del collega Carlo Moranzino

astronomi i quali sottolineavano che le code cometarie hanno una densità bassissima, infinitesima rispetto a quella dell'atmosfera terrestre. Inoltre, la comunità scientifica era al corrente del fatto che la Terra aveva già attraversato, senza risentirne, una coda cometaria, sia nel 1819 che nel 1861. Infine, la fatidica notte di maggio passò senza che accade nulla d'insolito. La cosa già allora non stupì più di tanto in quanto le osservazioni effettuate prima del fenomeno (però non del tutto concordanti per la debole luminosità) avevano messo in rilievo una direzione della coda un po' deviata rispetto a quella teorica, inoltre essa era divisa in due fasci ineguali. Questo ha portato a chiedersi in quale misura le previsioni si siano realizzate; secondo alcuni solo il meno importante di questi fasci aveva sfiorato la Terra mentre il principale passava sotto di essa. Così, secondo queste vedute, il nostro mondo non sarebbe stato immerso completamente nella coda della cometa di Halley. Secondo altri, che davano importanza alla mancanza di effetti spettacolari o almeno veramente sensibili, la Terra, con il suo campo magnetico, avrebbe esercitato attorno ad essa una deviazione della materia della cometa. In effetti, neppure i comuni fenomeni atmosferici, come luci aurorali e aloni superarono per numero o intensità i valori normali. Però, secondo uno studio condotto nei primi Anni 80 del secolo scorso da alcuni ricercatori cinesi l'incontro più o meno notevole della coda di ioni avrebbe provocato una tempesta geomagnetica registrata vicino a Shangai il 18 e 19 maggio 1910. L'attività solare, che di solito ne è la causa, in quel periodo – fanno notare questi ricercatori – era ad uno dei suoi livelli più bassi e la cometa stessa non mostrò improvvisi cambiamenti di aspetto attribuibili a disturbi provocati dal Sole. La tempesta inoltre non mostrò alcuna delle caratteristiche presenti in fenomeni analoghi provocati dai "flares" solari, ma ebbe soltanto qualche somiglianza con quelle provocate dai buchi coronali. Per queste ragioni gli astronomi cinesi sono convinti che il fenomeno non fu causato dall'attività solare. A sostegno della loro ipotesi hanno fatto notare che il plasma delle code cometarie è più denso e più energetico di quello del vento solare ed è quindi in grado di disturbare la magnetosfera terrestre. Assumendo che la coda di ioni sia stata la causa della tempesta magnetica, le registrazioni effettuate all'epoca in Cina danno delle indicazioni sulla sua struttura. La coda si sarebbe stesa per un arco di circa 12 gradi ed era suddivisa in tre parti, ciascuna delle quali avrebbe prodotto un cambiamento nel campo geomagnetico quando la Terra le attraversò.

Comunque, che il corpo solido della cometa dovesse essere modesto, lo si dedusse dal fatto che osservando il disco solare non si riuscì a vederlo. Da questo emerse che il nucleo doveva essere molto piccolo, con un diametro sicuramente inferiore ai 100 km. In effetti, come sappiamo ora, il nucleo misura solo 9×15 km; era quindi del tutto invisibile con i mezzi del 1910 quando transitava davanti al disco solare.

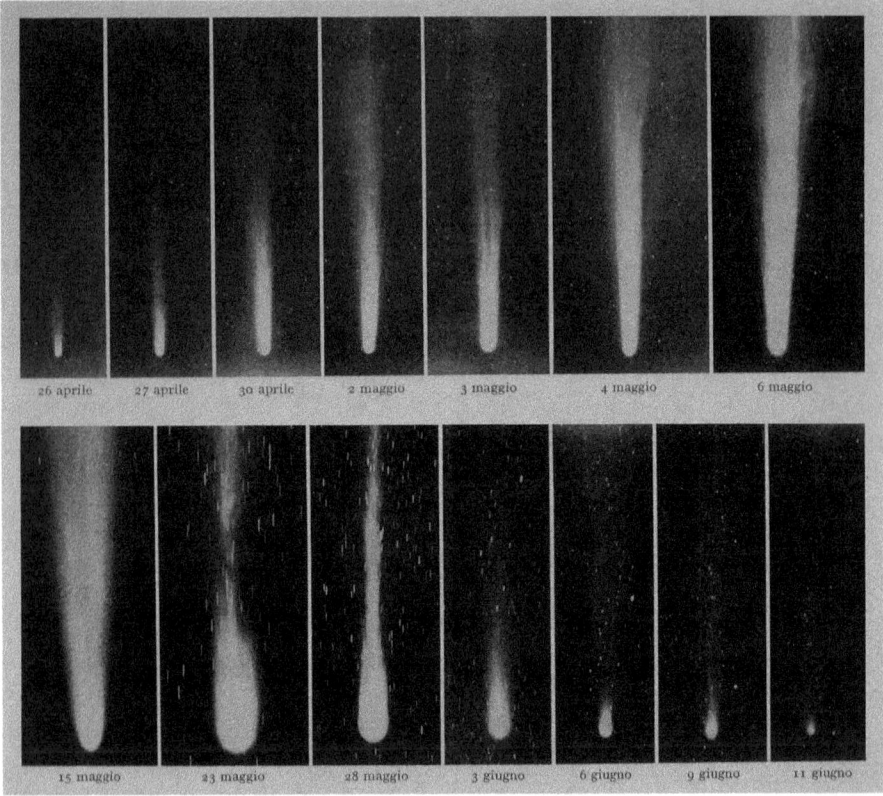

Variazioni d'aspetto della cometa di Halley dal 26 aprile all'11 giugno del 1910. Foto dell'Osservatorio di Monte Wilson, dal volume "La cometa di Halley" di De Meis-Manara. Cortesia Il Castello

Mentre la cometa si allontanava dal Sole e dalla Terra, il 23 e 26 maggio e il 6 giugno il nucleo manifestò fenomeni di tipo esplosivo.

Nella seconda metà di giugno la Halley scese sotto la soglia di visibilità ad occhio nudo e il 24 dello stesso mese Barnard la stimò di magnitudine 8. Col telescopio continuò ad essere seguita per tutto il 1910 e l'inizio del 1911. Venne vista per l'ultima volta al telescopio il 26 maggio del 1911; l'impresa fu dovuta a Barnard che la percepì come una piccola macchia appena visibile attraverso il rifrattore di Yerkes, il più potente del mondo. Fu l'ultima osservazione visuale. La lastra fotografica, invece, riuscì ancora a riprenderla la notte del 15 giugno 1911. E questa fu, in assoluto, l'ultima osservazione del passaggio del 1910. In totale venne seguita per ben 22 mesi, come mai era accaduto prima. Da allora la Halley non fu più fotografata fino alla notte del 16 ottobre 1982.

Un'altra bella immagine della Halley ottenuta dall'Osservatorio Lowell (Arizona) nel maggio 1910. Negli Anni 80 questa foto venne colorata presso il laboratorio dell'Osservatorio di Kitt Peak, anch'esso in Arizona. Da "Orione" n.4/1991. Cortesia Il Castello

Il passaggio seguente sarebbe avvenuto nel 1986, il primo dall'inizio dell'era spaziale. Grazie ai telescopi e alle altre apparecchiature molto più potenti di quelle esistenti nel 1910, si iniziò a cercarla dal 1979, benché uno dei massimi esperti di comete a livello mondiale, Brian G. Marsden, avesse affermato che non sarebbe stato possibile vederla prima del 1983. Ma, smentendo le sue autorevoli dichiarazioni, D. C. Jewitt e G. E. Danielson, utilizzando il telescopio da 5 metri di Mt Palomar e i nuovi sensori elettronici (CCD), molto più efficienti delle lastre fotografiche, riuscirono a registrare la sua immagine come un'impercettibile piccola macchia il 16 ottobre 1982. Allora era di magnitudine 24,2; 15 milioni di volte più debole delle più fievoli stelle visibili ad occhio nudo! Era lontana dalla Terra 1,6 miliardi di Km, oltre Saturno.

Nessuna cometa era mai stata osservata a una tale distanza, ma si sapeva esattamente dove guardare. In effetti tra la posizione in cui venne rinvenuta e quella calcolata lo scarto era minimo; meno di 1/200 del diametro del disco lunare. All'atto della scoperta non mostrava né chioma né coda, cosa comprensibile perché molto fredda. Tuttavia gli astronomi se l'aspettavano tre volte più luminosa; allora (1982) si suppose che avesse un diametro di appena 6 km, cioè circa la metà di quello reale. Col trascorrere del tempo la Halley aumentava di luminosità, così da divenire accessibile già a molti telescopi professionali entro il 1983. Nel 1984 divenne osservabile anche per i telescopi amatoriali e nel 1985 – finalmente – divenne visibile anche ad occhio nudo. Ma la sua apparizione non fu particolarmente favorevole per le regioni alle medie latitudini boreali come l'Italia. Dal nostro Paese essa fu poco visibile e solo chi sapeva esattamente dove guardare e disponeva di un cielo limpido e scuro la vide come una piccola macchia di luce, quattro volte più debole della stella Polare. Ma seguiamo più dettagliatamente quest'ultimo suo passaggio. Tra l'agosto e il settembre 1985 essa era ancora molto debole, con una magnitudine compresa fra la 12° e la 13°, quindi invisibile sia ai binocoli che ai comuni telescopi amatoriali, che iniziarono a farla scorgere nel mese di ottobre, quando giunse alla magnitudine 9.

In netta contrapposizione alla sua scarsa visibilità, fu l'enorme clamore mediatico: tutti parlavano della cometa di Halley, televisione, stampa e conferenzieri (molti improvvisati). E, in proposito, vennero pubblicati parecchi libri, sia sulle comete in generale che sulla Halley in particolare. La comunità astronomica cercò di spiegare ai giornalisti che questa apparizione della Halley era sfavorevole e che non era il caso di darle un tale risalto: fiato sprecato.

La saturazione sul tema fu tale che – ricordo – ad un invito come astronomo a tenere una conferenza, mi fu chiesto di parlare di qualsiasi argomento inerente il cielo ma *non* della cometa di Halley! In effetti anch'io, come studioso del cielo, se da un lato ero lieto che un evento astronomico raccogliesse

La cometa di Halley 95

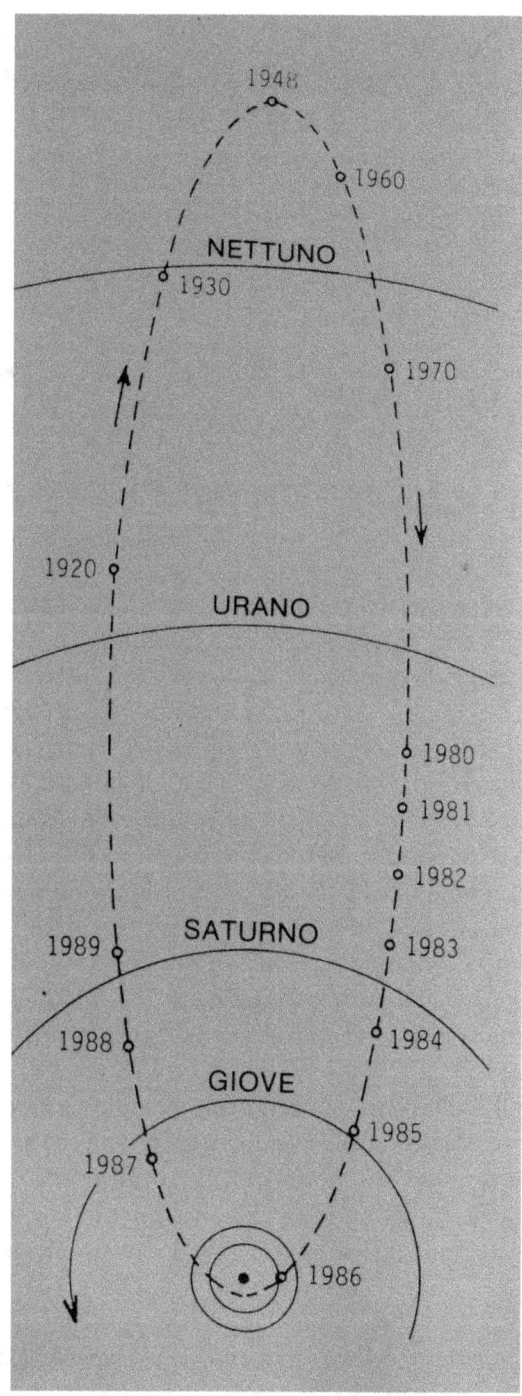

L'orbita della cometa di Halley con la sua posizione nel 1982, quando era oltre l'orbita di Saturno. Dal volume "La cometa di Halley" di De Meis-Manara. Cortesia Il Castello

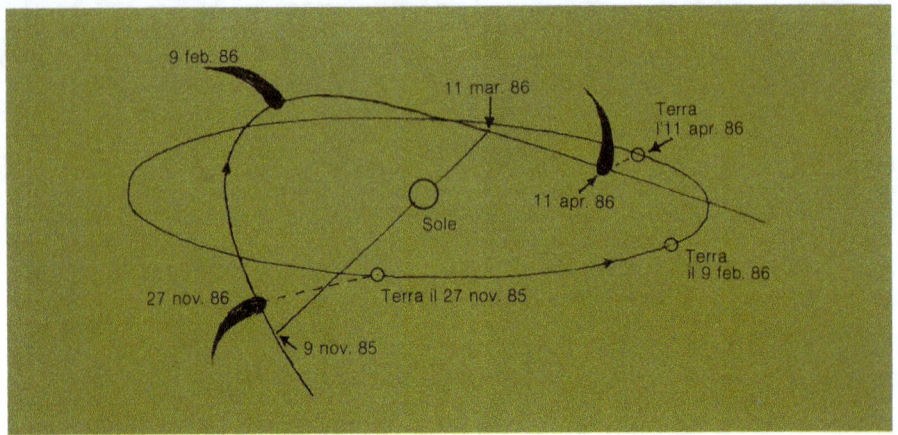

Posizioni della Halley e della Terra tra il novembre 1985 e l'aprile 1986. Da "Orione", n. 6/1985. Cortesia Il Castello

tanta attenzione, dall'altro ritenevo spropositato questo rumore mediatico, soprattutto in considerazione della sua scarsa visibilità dall'Italia. Tanto è vero che la stragrande maggioranza degli italiani non riuscì mai a vederla ad occhio nudo, in quanto raggiunse la luminosità massima (magnitudine 3,5) quando era molto australe; inoltre questa luce, a differenza di quella delle stelle, con era concentrata in un punto ma sparsa.

Io vidi la Halley per la prima volta nella mia vita la sera del 21 ottobre 1985, attraverso un telescopio da 13 cm di diametro dell'Osservatorio di Torino con un ingrandimento di 94×. Mi apparve come una debole nebulosità, nella quale a stento intravedevo una condensazione centrale.

Intanto, la cometa, ignara del clamore provocato, si stava avvicinando al Sole e alla Terra, così a novembre giunse a meno di 100 milioni di km dal nostro pianeta e presentava una magnitudine di 6,3, divenendo accessibile anche ai piccoli strumenti. Ma non era un oggetto cospicuo. In proposito ricordo che una sera (era il 2 dicembre) mi recai con un collega in un liceo di Torino per farla vedere attraverso un piccolo telescopio. Dopo una faticosa ricerca, a causa dell'inquinamento luminoso della città, tutto ciò che apparve fu una debole macchia nebbiosa senza alcun accenno di coda, che deluse oltremodo gli studenti, che, a seguito delle enormi aspettative prodotte, si aspettavano ben altro!

Tra il 16 e il 17 novembre la cometa, passò appena 2° a sud delle Pleiadi fornendo un bel quadretto celeste, anche se ancora invisibile ad occhio nudo. Per chi aveva una vista acuta e disponeva di un cielo buio, la Halley divenne visibile a dicembre subito dopo il crepuscolo serale. A gennaio raggiunse la

4 m, quindi aumentò poco di luminosità, poiché si stava sì avvicinando al Sole ma allontanando dalla Terra. Fu allora (la sera del 12 gennaio) che la vidi per la prima volta ad occhio nudo; mi apparve come una piccola stella sfocata al limite della capacità della mia percezione. *Fu l'unica volta che la vidi ad occhio nudo dall'Italia.* L'avvicinamento al Sole la fece scomparire a fine gennaio tra le luci del tramonto. Passò al perielio il 9 febbraio, a 87,8 milioni di km dalla nostra stella (0,587 UA). Anche quando riemerse, tra le luci dell'alba, all'inizio di marzo, era ancora un oggetto modesto per chi osservava dall'Italia. Io ebbi la fortuna di recarmi in quel periodo nell'emisfero australe, presso l'Osservatorio Europeo della Silla (Cile), dal quale la cometa era uno spettacolo, grazie sia alla posizione favorevole che al cielo estremamente buio del deserto di Atacama, lontano da qualsiasi fonte luminosa artificiale. Ad occhio nudo si vedeva molto bene come un astro di 3a magnitudine, con una coda della lunghezza di 5–6° gradi (13–16 marzo). Eccezionale al telescopio, dove si mostrava come un punto centrale un po' sfocato rispetto alle stelle, circondato dalla diafana luminosità della chioma che si confondeva con l'inizio della coda. A 20 ingrandimenti nessuna struttura era visibile nella condensazione centrale ma nel complesso la luce biancastra e in un certo senso quasi spettrale della coda era uno spettacolo indicibile. Un aspetto facile da notare era la sua variazione d'aspetto da notte a notte.

Tra la fine di marzo e l'inizio di aprile lo splendore tornò ad aumentare perché l'11 aprile la Halley raggiunse nuovamente una minima distanza dalla Terra, a 63 milioni di km dal nostro pianeta. Ma dall'Italia anche nel mese di aprile è rimasta sempre molto bassa e scarsamente visibile. Io, anche in aprile, ebbi l'opportunità di vederla dal cielo australe, dall'isola di Mauritius. Ma questa volta non per ricerca scientifica, come in Cile, ma come guida per un gruppo di turisti italiani che aveva progettato questo viaggio proprio per vedere la Halley. La visione della cometa da Mauritius fu notevole, ma non al livello di quella che ebbi in Cile all'ESO (European Southern Observatory). Mentre ero a Mauritius un'altra notizia, di carattere ben diverso, aveva preso in Italia il sopravvento sulla Halley: l'incidente nucleare di Chernobyl (Ucraina), le cui radiazioni nocive avrebbero raggiunto anche il nostro Paese.

Il 16 aprile fu l'ultima volta che vidi la Halley ad occhio nudo (da Mauritius); era una macchia luminosa di 3° magnitudine, con una coda di 2–3° molto spampanata. A fine aprile anche questa modesta apparizione della Halley si stava concludendo e la cometa tornava ad essere invisibile ad occhio nudo con l'eccezione del 24 aprile, quando, grazie ad un'eclisse di Luna, la cometa tornò ad emergere, anche se per poco, dal fondo del cielo per le viste più acute e i cieli più bui.

La Halley ripresa dall'autore dall'Osservatorio Australe Europeo in Cile prima dell'alba del 12 marzo 1986 con un telescopio da 38 cm. Posa di 18 minuti

La Halley ripresa dall'autore, sempre dalle Ande cilene e con lo stesso strumento, prima dell'alba del 16 marzo 1986. Posa di 25 minuti. Si noti la variazione d'apparenza rispetto alla foto di solo 4 giorni prima

In conclusione, nel passaggio del 1986 la cometa di Halley si è vista poco, da luoghi bui ed essenzialmente australi, disattendendo le grandi aspettative del pubblico, provocate dallo spropositato clamore mediatico a cui si era dato luogo.

Da fine aprile 1986 la cometa è tornata ad essere un soggetto telescopico. L'ultima volta che vidi la Halley al telescopio fu la sera del 9 maggio, quando era di 9° magnitudine e si trovava a 161 milioni di km, in allontanamento dalla Terra. La osservai attraverso il telescopio da 1 metro di diametro dell'Osservatorio di Torino. Mi apparve come una macchia luminosa senza alcun accenno di coda.

Da allora non la vidi più.

Negli anni tra il 2025 e il 2028 la Halley si trova in prossimità del suo afelio, a ben 5.248 milioni di km dal Sole (35,08 UA). Ad una tale distanza appare debole come una stella di magnitudine compresa tra la 29 e la 30, ovvero 4 miliardi di volte più debole delle più fievoli stelle visibili ad occhio nudo! Ebbene, nonostante questa incredibile debolezza, essa sarebbe – sia pure con una posa lunghissima – fotografabile con il telescopio spaziale Hubble o, con una posa meno estenuante, con i maggiori telescopi del mondo dotati di ottica adattiva. Cioè, oggi, volendo, e sia pure con un impegno non trascurabile, siamo in grado di vederla in ogni punto della sua orbita! Dopo aver raggiunto il suo afelio (9 dicembre 2023) la Halley ha iniziato il suo lungo cammino di ritorno verso il Sole, dal quale verrà a trovarsi alla minima distanza (perielio) il 28 luglio 2061.

Essa attraverserà le orbite dei pianeti alle seguenti date:

orbita	Nettuno	di	(30, 1)	7	maggio	2041
"	Urano	"	(19, 2)	1	"	2053
"	Saturno	"	(9, 54)	7	dicembre	2058
"	Giove	"	(5, 20)	25	giugno	2060
"	Marte	"	(1, 52)	16	maggio	2061
"	Terra	"	(1, 00)	19	giugno	2061
"	Venere	"	(0, 72)	9	luglio	2061

I valori tra parentesi sono quelli delle distanze dal Sole espresse in Unità Astronomiche.

Si noti come alla cometa occorrano molti anni per passare dal suo afelio (dove si muove alla velocità di 0,9 km/sec.) all'orbita di Nettuno, mentre tutto il sistema solare interno viene percorso in solo un anno (al perielio la sua velocità è di 54,5 km/sec.).

Comete interessanti del nostro secolo

Vediamo ora un certo numero di comete degne d'essere ricordate che sono apparse ad iniziare dal 2001, quindi dopo la Hyakutake e la Hale-Bopp, le prime comete veramente spettacolare dopo il 1986.

Sia della Hyakutake che della Hale-Bopp abbiamo già detto che apparvero maestose. La prima fu spettacolare, ma per poco tempo nei nostri cieli (nel marzo 1996) grazie al fatto che passò vicino alla Terra, a 15 milioni di km e, inoltre, caratteristica saliente, quando si trovava alla minima distanza da noi, era quasi in direzione opposta al Sole. Questo le permise di esibire una lunga coda e di presentarsi in condizioni ottimali.

La seconda, la Hale-Bopp, maestosa nel 1997, non raggiunse l'effimera spettacolarità della Hyakutake, ma fu vista da molte più persone; probabilmente è stata la cometa più osservata del XX secolo. Comunque molto rimarchevole e – soprattutto – rimase visibile per un tempo molto più lungo.

Nei primi anni del nostro secolo per l'emisfero boreale non vi è stata la comparsa di nessuna cometa veramente appariscente, comunque nel 2002 si ebbe il passaggio della **153P/Ikeya-Zhang**, che divenne visibile ad occhio nudo avendo raggiunto la magnitudine 3,5. Non fu certo una cometa eclatante, ma la più luminosa dal 1997 ed inoltre si presentò favorevolmente per l'emisfero boreale. Scoperta il 1° febbraio 2002 dal giapponese Kaoru Ikeya e dal cinese Zhang Daqing, questa cometa venne identificata con quella osservata nel 1661 dai cinesi e da Hevelius. Ne consegue che detiene il record d'essere quella periodica con il periodo più lungo di cui si siano osservati almeno due passaggi al perielio. Il suo periodo è infatti di 366,5 anni e nel nostro secolo è passata al perielio il 18 marzo 2002. L'orbita la allontana dal Sole fino a 101,9 UA e al perielio fino a 0,51 UA. L'inclinazione è di 28°.

La Ikeya-Zhang ripresa il 2 aprile 2002 da Osvaldo Bartolucci con obiettivo Zeiss Sonnar da 180 mm aperto a f/2,8 da una quota di 1300 metri. Cortesia Osvaldo Bartolucci

L'inizio del 2007, invece, è stato testimone della visione di una cometa veramente grande, la **C/2006 P1 McNaught**, scoperta il 7 agosto 2006 da Robert McNaught presso l'osservatorio australiano di Siding Spring. Questa spettacolare cometa, che passò al perielio il 12 gennaio 2007, per poche ore divenne addirittura visibile ad occhio nudo con il Sole ancora sopra l'orizzonte! Un evento che nel secolo scorso si era avuto per la grande cometa di gennaio del 1910 e per la Ikeya-Seki del 1965. La luminosità massima della McNaught è stata stimata fra -5 e -6 m, quindi oltre quella di Venere! Purtroppo questa magnifica apparizione è stata riservata solo agli osservatori situati nell'emisfero australe.

Però, a parziale ricompensa, per gli osservatori boreali nel 2007 si ebbe l'apparizione imprevista della **17P/Holmes**. Questa cometa, scoperta il 6 novembre 1892 da Edwin Holmes, compie un'orbita in 6,9 anni mantenendosi tra Marte e Giove. Ha un nucleo da 3,4 km di diametro e appare di magnitudine 17, quindi risulta accessibile solo ai telescopi più potenti. Ma tra il 23 e il 24 ottobre del 2007 (anno di un passaggio al perielio) ebbe improvvisamente un aumento di splendore di ... 700 mila volte! Questo la fece giungere alle soglie della 2a magnitudine (esattamente con valori compresi fra

La cometa Holmes ripresa da Aldo Tonon, che nel 2007 ha manifestato un incredibile aumento di splendore. Cortesia Aldo Tonon

2,5 e 2,8), rendendola ben visibile ad occhio nudo. Si presentava allora come una nebulosa circolare. Il motivo del suo incredibile e repentino aumento di splendore resta sconosciuto, ma potrebbe essere dovuto al ghiaccio d'acqua che spontaneamente si sarebbe convertito dalla forma amorfa in quella cristallina. Ovvero, il ghiaccio si presenta in due forme; quella più familiare è la cristallina, dove le molecole si dispongono in una forma ordinata esagonale. Ma, in presenza di un freddo estremo, le molecole possono addossarsi l'una all'altra in una forma caotica e gas vari possono rimanere intrappolati tra di esse. Quando questo ghiaccio amorfo viene riscaldato e si converte spontaneamente nella forma cristallina, esso può rilasciare i gas intrappolati in forma esplosiva. Il suo ultimo passaggio al perielio (a 307 milioni di km dal Sole) si è avuto il 19 febbraio 2021 ma, come in quello del 2014, non ha manifestato il fenomeno del 2007.

Il 2011 fu l'anno della **C/2011 W3 Lovejoy**, scoperta con un sensore elettronico applicato ad un telescopio da 20 cm da Terry Lovejoy da Brisbane (Australia). Nel giorno della scoperta (27 novembre 2011) era di magnitudine 13, ma quando passò al perielio, a soli 140 mila km dalla superficie solare (!) il 16 dicembre 2011, arrivò a brillare come una stella di magnitudine −3, ma la vicinanza al Sole la rese invisibile ad occhio nudo. Ad occhio la si poté ammirare, dall'emisfero australe, dal 21 dicembre nello Scorpione. Allora era luminosa circa come Castore ed esibiva una coda fino a 30°. Si stima che abbia un diametro di solo 400–500 metri e che dovrebbe tornare al perielio fra 680 anni.

Meno eclatante della Lovejoy, ma meglio posizionata per gli osservatori in Italia fu la **C/2011 L4 PanSTARRS**, che passò al perielio il 10 marzo 2013 (a 45 milioni di km dal Sole). Venne scoperta il 6 giugno 2011 alle Hawaii con un telescopio da 1,8 m di diametro facente parte del programma Panoramic Survey Telescope & Rapid Response System quando era ancora di magn. 19,5 e a 1,2 miliardi di km dal Sole. Al massimo, nel marzo 2013, arrivò a brillare come Castore (magnitudine di circa +1,5), e da siti bui si rese visibile ad occhio nudo con una piccola coda. Il 5 marzo raggiunse la sua minima distanza dalla Terra: 163 milioni di km. Per questa cometa, la cui orbita è inclinata di 84° rispetto al piano dell'orbita terrestre, è stato calcolato un periodo di 105–110 mila anni, ma questo ha poco significato in quanto l'eccentricità tende a uno, ovvero questo periodo potrebbe essere molto maggiore o addirittura portare la cometa ad abbandonare il sistema solare.

Nel 2012 venne scoperta una cometa (la **C/2012 S1 ISON**), che diede adito a molte speranze circa una sua apparenza spettacolare. Il 21 settembre di quell'anno due astrofili russi, Vitali Nevski e Artyom Novichonok, notarono una macchia diffusa appena discernibile su una ripresa effettuata con un telescopio da 40 cm dell'International Scientific Optical Network (ISON). Il passaggio al perielio della ISON era stato calcolato per il 28 novembre 2013 e, cosa sorprendente, i calcoli mostravano che la cometa sarebbe passata a soli 1,2 milioni di km dall'infuocata superficie solare! Con una tale vicinanza alla nostra stella ci si aspettava che la cometa sarebbe diventata molto luminosa. Alcuni predissero che la ISON sarebbe diventata più luminosa della Luna piena, facendola divenire la più grande cometa della storia! Un aumento di luminosità nelle settimane precedenti il passaggio al perielio alimentò le speranze. Ma le cose andarono assai diversamente. Avendo un nucleo molto piccolo, stimato fra i 500 e i 700 metri di diametro, subito dopo aver fatto il suo giro di boa intorno al Sole, la ISON si dissolse. Benché avesse raggiunto la magnitudine di −2 non divenne mai un oggetto cospicuo, perché tale brillantezza ebbe luogo in prossimità del disco solare. Nessuno la vide emergere tra le luci dell'alba di dicembre, non solo ad occhio nudo, ma neppure con i telescopi amatoriali. La sonda SOHO (SOlar and Heliospheric Observatory) mostrò che la cometa si dissolse già il 30 novembre.

Il 16 agosto 2014, nell'ambito del programma PanSTARRS venne scoperta una cometa poi designata **C/2014 Q1**, che raggiunse il suo perielio il 6 luglio dell'anno seguente. Benché questa cometa non sia divenuta molto luminosa

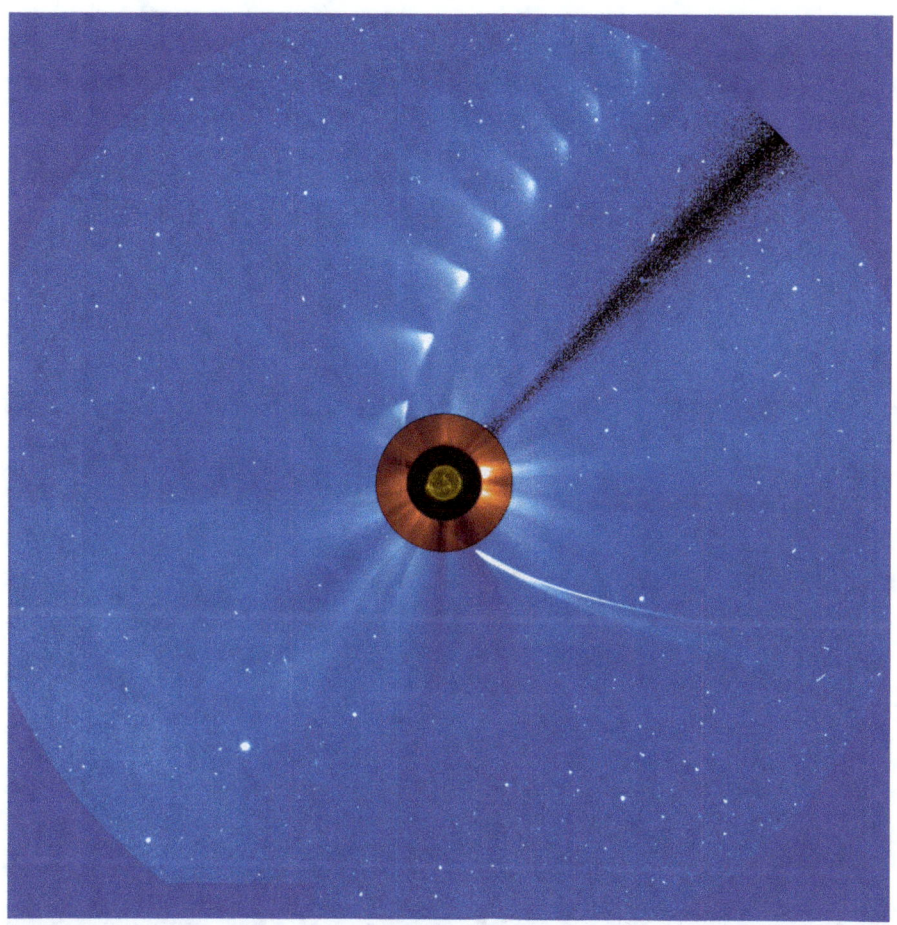

La ISON ripresa durante il suo passaggio al perielio. La cometa si avvicina dal basso e si allontana in alto. Il disco scuro è lo schermo della sonda che occulta il Sole. Credits: ESA/NASA/SOHO/SDO/GSFC

(magnitudine massima: +4) vale la pena di citarla in quanto fu molto ben posizionata per gli osservatori boreali e fotografata da moltissimi appassionati di astronomia.

Una cometa che non si è certo distinta per la sua luminosità, ma per un altro aspetto davvero eccezionale è stata la **2I/Borisov**: la prima della quale si sia determinata *con certezza* la sua provenienza interstellare. Essa venne scoperta nella costellazione di Cassiopea il 30 agosto 2019 ad opera dell'astrofilo russo Hennadji Borisov tramite un telescopio da 65 cm ed è il secondo oggetto interstellare, ovvero non proveniente dal nostro sistema solare, donde la sigla

La cometa C/2014 Q1 fotografata nel luglio 2015 da Emanuele Coletti con un teleobiettivo da 300 mm. Sono state sommate 5 immagini da 20 secondi. Sensore impostato su una sensibilità di 1200 ISO. Cortesia Emanuele Coletti

La Borisov ripresa il 12 ottobre 2019 dal telescopio spaziale Hubble. Credits: ESA/NASA

2I/Borisov (I sta per interstellare; essa è nota anche come C/2019 Q4). È il secondo oggetto interstellare osservato transitare al perielio, dopo l'asteroide 1I/Oumuamua (scoperto nel 2017). Al momento della scoperta la Borisov si trovava a 3 UA dal Sole, percorreva un'orbita con una inclinazione di 44° ed era di 18° magnitudine. La massima vicinanza al Sole (2 UA) è stata raggiunta l'8 dicembre del 2019 e quella con la Terra a fine dicembre, quando era tra 1,9 e 2,0 UA dal nostro pianeta. Il massimo della luminosità, previsto in corrispondenza del transito al perielio, è stato di m 15,6. Quindi, anche al massimo del suo "splendore" la Borisov è rimasta una cometa sempre molto debole, addirittura più debole di Plutone. L'eccentricità è risultata di ben 3,3 (per produrre un'orbita iperbolica è sufficiente che sia superiore a 1,0). A causa della distanza sempre molto elevata dalla Terra non è stato possibile arrivare ad una determinazione precisa del diametro del nucleo; i dati di più ricerche lo pongono tra i 2 e i 4 km. Gli studi spettroscopici, infine, hanno permesso di verificare come la composizione sia risultata simile a quella delle comete del sistema solare.

A compensare le delusioni provocate dalla ISON, nel 2020 fu la **C/2020 F3 NEOWISE**, che da cieli non inquinati fu visibile ad occhio nudo. La sigla NEOWISE sta per missione estesa (NEO) della sonda WISE (Wide-field Infrared Survey Explorer) che, tramite il suo telescopio da 40 cm, la scoprì il 27 marzo 2020. Questa cometa raggiunse il suo perielio il 3 luglio 2020 a 44 milioni di km dal Sole mentre il 23 luglio passò nel punto più vicino alla Terra (a 103 milioni di km). Raggiunse la magnitudine 0,9. Si stima che il suo nucleo abbia un diametro di 5 km e che percorra la sua ampia orbita in 6700 anni, allontanandosi fino a 107 miliardi di km dal Sole. Nonostante che abbia raggiunto una luminosità di picco di prima grandezza, quando è stata visibile nelle condizioni migliori dall'Italia (allora era nell'Orsa Maggiore) brillava solo come una stella di 3a magnitudine e per vederla ad occhio nudo era necessario trovarsi lontano da un cielo cittadino. Avendo un'inclinazione orbitale di 127°, si muove in un'orbita retrograda.

Analogamente alla C/2014Q1, un'altra cometa da ricordare anche se non divenuta molto luminosa (magnitudine massima di +3) è stata la **C/2021A1 Leonard**, scoperta il 3 gennaio 2021 da Gregory J. Leonard dell'Osservatorio di Monte Lemmon. Essa il 3 dicembre 2021 è passata prospetticamente vicinissima all'ammasso globulare M3 nei Cani da Caccia. Il 12 dicembre si è venuta a trovare a soli 35 milioni di km dalla Terra e il 3 gennaio 2022 è passata al perielio. Nonostante che in tale circostanza fosse a 92 milioni di km dal Sole, ha iniziato a disgregarsi fino a dissolversi totalmente già il 23 febbraio dello stesso anno.

Un'altra cometa poco luminosa ma ben posizionata per gli osservatori boreali è stata la **C/2022E3 (ZTF)**. La sigla deriva dall'indagine astronomica Zwicky Transient Facility, che utilizza un apparato fotografico applicato al grande telescopio Schmidt da 126 cm di Mt Palomar. La cometa ha raggiunto il perielio il 12 gennaio 2023 passando a 166 milioni di km dal Sole e il 1° febbraio a 42 milioni di km dalla Terra. Raggiungendo la magnitudine di 4,6 da cieli bui si è resa visibile ad occhio nudo dal 25 gennaio al 7 febbraio. Poiché ne è stato calcolato un periodo orbitale di 50 mila anni, e quindi sarebbe già passata vicino alla Terra 50 mila anni orsono, è stata soprannominata "cometa di Neanderthal".

Nella primavera del 2024 si ebbe il ritorno della **12P/Pons-Brooks**. Questa cometa, dal periodo di 71 anni, venne inizialmente scoperta dall'astronomo francese Jean-Louis Pons dall'Osservatorio di Marsiglia nel 1812. In seguito Pons si trasferì in Italia, dove esercitò la sua professione in specole toscane. La cometa venne riscoperta nel 1883 dall'astronomo statunitense William R. Brooks, ma solo in un secondo tempo si capì che era quella stessa scoperta da Pons.

La Neowise fotografata il 16 luglio 2020 da Aldo Tonon con un teleobiettivo da 400 mm. Cortesia Aldo Tonon

La cometa Leonard incontra l'ammasso globulare M3. Emanuele Coletti ha immortalato questo incontro il 3 dicembre 2021 con un rifrattore alla fluorite da 125 mm di diametro e un metro di focale. Posa di 50 secondi con sensore impostato su una sensibilità di 2000 ISO. Cortesia Emanuele Coletti

La cometa C/2022E3 fotografata da Osvaldo Bartolucci il 2 febbraio 2023 con un telescopio Newton da 25 cm aperto a f/4,8. Come mostrano le tracce stellari composte da molti punti, sono state eseguite parecchie pose in ognuna delle quali lo strumento si è spostato per inseguire la cometa. Cortesia Osvaldo Bartolucci

La Pons-Brooks fotografata da Emanuele Coletti l'8 marzo del 2024. Posa di 70 secondi con tripletto apocromatico 102/700 e sensore impostato su sensibilità di 1600 ISO. Cortesia Emanuele Coletti

Grandi speranze alimentò nel 2024 la cometa **C/2023 A3 Tsuchinshan-ATLAS**, scoperta dapprima il 9 gennaio 2023 presso l'Osservatorio cinese della Montagna Purpurea e poi apparentemente persa. Ma poi riscoperta il seguente 22 febbraio dal programma ATLAS, acronimo di Asteroid Terrestrial-impact Last Alert System. Il nome Tsuchinshan invece è quello che i cinesi attribuiscono alle comete scoperte presso il loro osservatorio della Montagna Purpurea.

L'orbita di questa cometa è risultata essenzialmente parabolica (e = 1,0000) anche se potrebbe trattarsi di un'ellisse allungatissima e corrispondente periodo nell'ordine degli 80 mila anni. Le osservazioni hanno permesso di stabilire una distanza perielica di 58,6 milioni di km, un'inclinazione di 139° ed una distanza minima dalla Terra di 71 milioni di km, raggiunta il 12 ottobre 2024, mentre il perielio si è avuto 15 giorni prima. Tra la data del perielio e quella del 12 ottobre alcuni avevano previsto una magnitudine equivalente a quella di Venere e vi era anche chi si era spinto a definirla "cometa del secolo", ma la C/2023A3 si è mantenuta lontana dalla luminosità di Venere. Al massimo ha raggiunto la comunque ragguardevole magnitudine di −2 e questo ancora grazie a imprevisti *outburst* tra il 5 e 18 ottobre. Inoltre ha sviluppato una

La Tsuchinshan-ATLAS ripresa da Osvaldo Bartolucci il 29 ottobre 2024 con un obiettivo da 180 mm di focale. Cortesia Osvaldo Bartolucci.

chioma dal diametro di $\frac{1}{2}$ grado (come il disco delle Luna) ed una coda che è arrivata ad una lunghezza massima di 20°. Quando si presentò meglio per gli osservatori situati alle medie latitudini dell'emisfero boreale (settimana dal 14 al 20 ottobre) brillava con una magnitudine tra 0 e +2 ed esibiva una coda estesa per una ventina di gradi. Questa cometa ha anche ricordato la Arend-Roland del 1957 mostrando una sottile striscia di luce opposta alla sua coda principale, ovvero sviluppando una anti-coda. Essa si forma dalle particelle di polvere più grandi e pesanti, che il vento solare fatica a spingere via, quindi appaiono dietro la cometa, come vista dalla Terra. L'anti-coda diventa visibile solo quando la Terra attraversa il piano orbitale della cometa, e questo per la Tsuchinshan è avvenuto dal 13 al 15 ottobre. Purtroppo quando per l'emisfero boreale si è resa visibile anche ad occhio nudo nelle comode ore dopo il tramonto del Sole ad ovest (dal 14 al 20 ottobre), le condizioni atmosferiche sono state in gran parte particolarmente inclementi nell'Italia centro-settentrionale per tutta la settimana dalle maggiori aspettative.

All'inizio di ottobre 2024 la cometa ha attraversato il campo visivo di importanti osservatori spaziali, rivelando dettagli affascinanti della sua struttura e della sua interazione con il Sole. Tra il 7 e l'11 ottobre è stata vista dal Large Angle and Spectrometric COronograph (LASCO), uno strumento a bordo della sonda SOHO (Solar and Heliospheric Observatory) per l'osservazione del Sole lanciata nel 1995 e ancora operativa. Questo ha permesso di vedere la polvere molto illuminata rilasciata dalla cometa, grazie all'illuminazione solare in controluce. Uno degli aspetti più sorprendenti dell'osservazione è stato registrato il 14 ottobre, quando la scia di polvere si è condensata in una densa fascia visibile lungo l'intero campo di vista di LASCO. Si è così avuta una visione laterale estremamente rara della polvere cometaria: uno scenario mai osservato da LASCO nonostante abbia osservato migliaia di comete.

Tabella 2 Comete dal 2001 al 2024 che hanno raggiunto la 2° magnitudine

Designazione	Nome	Passaggio al perielio	Magnitudine
C/2006 P1	McNaught	12 gennaio 2007	−5,0
C/2011 W3	Lovejoy	16 dicembre 2011	−3,0
C/2011 L4	PanSTARR	10 marzo 2013	+1,5
C/2012 S1	ISON	28 novembre 2013	−2,0
C/2020 F3	NEOWISE	3 luglio 2020	+0,9
C/2023 A3	Tsuchinshan-ATLAS	27 settembre 2024	−2,0

Come si osservano e come si scoprono

L'osservazione delle comete può avvenire con i mezzi più disparati; dipende dalla loro luminosità ed estensione.

Le più spettacolari, luminose ed estese, in linea di massima si osservano meglio ad occhio nudo; queste possono manifestare code della lunghezza di 20 o più gradi e solo l'occhio senza ausili ottici è in grado di coglierle in tutta la loro estensione. Però, recentemente, cioè ad iniziare dal XXI secolo, sono stati messi a punto degli apparati ottici che aumentano le potenzialità della nostra vista. Questi particolari dispositivi ottici, si distinguono dai tradizionali binocoli galileiani per essere stati progettati espressamente per uso astronomico. Al loro ingrandimento molto basso (fra 2 e 2,5×) si contrappone un campo di veduta molto vasto (almeno 20°) e quindi in grado di abbracciare l'estensione di parecchie grandi comete.

Ma, purtroppo, le grandi comete, quelle la cui magnitudine è negativa e che sono ben posizionate, sono molto rare; le statistiche dicono che ne appare una circa ogni 10 anni, ma, considerando che questo vale per entrambi gli emisferi, possiamo dire che per un solo emisfero la frequenza è di circa una ogni 20 anni.

Più comuni sono quelle visibili ad occhio nudo ma senza essere particolarmente appariscenti; diciamo quelle che arrivano ad avere una magnitudine fra la terza e la 0. In genere manifestano code lunghe dai 2–3 ai 7–8 gradi. Queste misure le rendono astri che si osservano al meglio con i binocoli. Un comune binocolo 8 × 30 ne fornisce già una visione nettamente migliore di quella che si ha ad occhio nudo ed un 10 × 50 la rende ancora più evidente. Ma prima di proseguire qui è importante fare una precisazione: è *molto* importante la qualità del binocolo. Uno buono 8 × 30 fornisce risultati migliori di un 10 × 50 di

Un binocolo 15 × 110, eccellente per l'osservazione di comete; l'ingrandimento di 15× consente un campo di vista di circa 3° mentre il diametro degli obiettivi, da ben 110 mm, rivela senza problemi comete fino alla 10° magnitudine. Foto dell'autore

scarsa qualità. Gli strumenti ottici venduti a prezzi molto incoraggianti non provengono da offerte generose o da spirito di altruismo di costruttori e venditori ma da materiali scadenti e lavorazioni approssimative. Tutte le nostre note si riferiscono a prodotti di buona qualità, che "tradotto" significano prezzi di *almeno* 100 euro per binocoli 8 × 30 e almeno 150 per i 10 × 50.

L'uso di strumenti più potenti, ad esempio binocoli 20 × 80, per l'osservazione di queste comete significa vederle solo in parte; ad esempio solo la testa, sia pure con una definizione migliore. Quelle con un'estensione della coda limitata a 1–2 gradi (o, ovviamente, le stesse grandi comete quando sono più lontane) beneficiano invece di questi strumenti di maggiore potenza.

In assoluto la loro visione migliore si ha con i grossi e costosi binocoli tipo 30 × 150. Ma qui anche i telescopi di corta focale si rivelano ottimali, ad esempio rifrattori 120/600 (= obiettivo da 120 mm di diametro e 600 mm di focale) e 150/750 o riflettori a forzato rapporto d'apertura con focali non eccedenti i 600–750 mm.

Poiché le comete, ad eccezione della condensazione centrale, presentano una luminosità piuttosto evanescente, è più vantaggioso usare ingrandimenti moderati, che non diluiscano la loro luce su immagini estese, ma che la con-

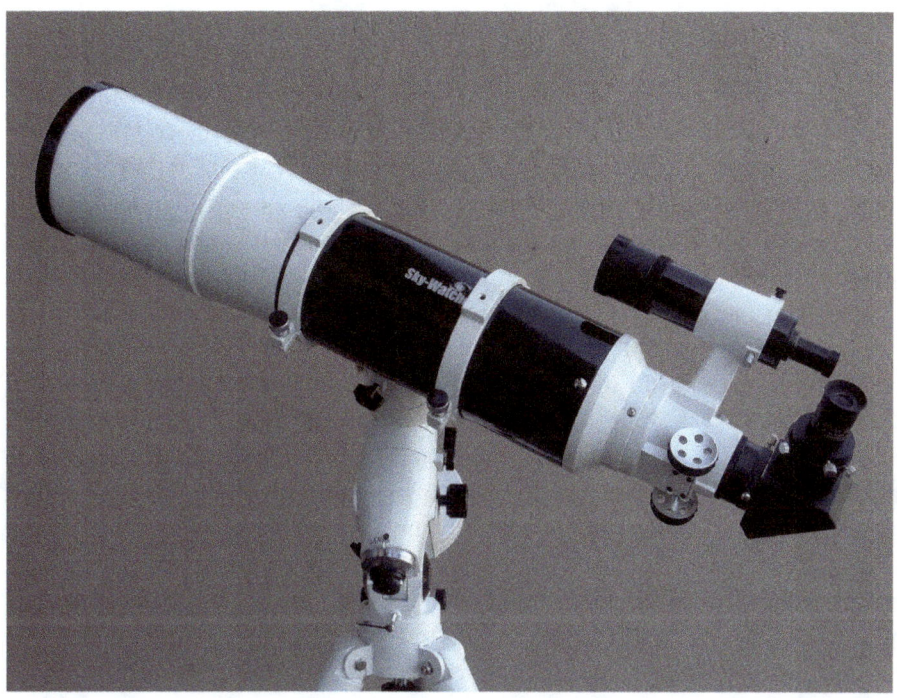

Un rifrattore acromatico 150/750. La sua corta focale unita alla forte luminosità lo rende eccellente per l'osservazione delle comete (strumenti simili in passato sono stati utilizzati con successo nella loro scoperta). Foto dell'autore

centrino su immagini piccole. Ad esempio, con un 120/600 utilizzare poteri da 20 a 30×.

Abbiamo, infine, le cosiddette comete telescopiche, ovvero quelle più deboli con diametri complessivi inferiori a quelli della Luna e con magnitudini molto deboli, tipo decima o undicesima. Qui, ovviamente, gli strumenti migliori sono quelli di maggiore apertura possibile, che per un appassionato si traduce spesso in riflettori con diametri fra i 25 e i 30 cm. Da un punto di vista osservativo queste comete appaiono come piccole nebulose e, di conseguenza, per la loro visione vale quello che si dice per le nebulose. Ovvero, innanzi tutto, praticare l'osservazione sotto un cielo il più buio possibile, lontano da illuminazione artificiale e in notti illuni. Per un 25 cm ingrandimenti ottimali sono quelli che spaziano da 50 a 100×. Per i giovani, la cui pupilla si dilata fino a circa 7 mm, anche 35–40×. In queste condizioni si scorgono comete anche di 11–12 magnitudine, distinguendo pure la condensazione centrale dalla chioma.

Un'osservazione visuale approfondita merita un disegno. L'osservatore, facendo un disegno, deve annotare la forma, la lunghezza e la posizione dell'eventuale coda, nonché qualsiasi particolarità (distorsioni, suddivisioni, condensazioni). Quasi sempre per determinare la lunghezza della coda non serve un micrometro, a causa della sua grande estensione; si può fare in base alle stelle di sfondo, schizzandola sopra un atlante stellare e compiendo la misura su questo. Per le comete molto splendenti in molti casi la stima della lunghezza della coda si fa ad occhio nudo. Interessante è anche notare la visibilità delle stelle attraverso la coda e l'osservazione di code anomale come quelle dirette apparentemente verso il Sole. Della chioma si devono annotare le dimensioni, la forma, la luminosità ed eventuali getti. La sua osservazione richiede un ingrandimento più forte di quello utilizzato per la coda, come 80 o 100× su strumenti da 15–20 cm. Della condensazione centrale e del falso nucleo, se visibile, si annota il diametro, la forma e la magnitudine, con ingrandimenti nell'ordine dei 150× o, per strumenti fino ai 15–20 cm, equivalenti al diametro obiettivo in millimetri. Per la determinazione delle magnitudini della condensazione centrale e della chioma si utilizzano i metodi che vengono applicati per le stelle variabili, sfocando l'immagine finché i diametri delle stelle di confronto eguagliano quelli dei particolari cometari da stimare.

Benché l'osservazione fotografica abbia superato quella visuale, quest'ultima fornisce ancora risultati di un certo interesse nella descrizione della condensazione centrale e della chioma; la fotografia è invece molto superiore nel rilievo della posizione ed estensione della coda, nonché nell'apparenza del suo aspetto. Questa superiorità della fotografia per la coda è iniziata addirittura alla fine del XIX secolo.

Oggi, grazie alle macchine digitali, il risultato si vede subito ed è molto facile realizzare immagini delle comete. Però, per averne buone rappresentazioni, occorre utilizzare macchine il cui sensore non sia troppo ridotto, diciamo, in linea di massima, che abbia almeno dimensioni di 10 × 14 mm. Quelli più piccoli, che si trovano negli smartphone, nelle compatte ed anche in molte bridge, forniscono risultati scadenti su oggetti celesti deboli. Ottime sono, invece, le mirrorless e le reflex. Le comete dalla coda più estesa si fotografano ottimamente con un obiettivo dalla focale normale o grandangolare e pose sui 10 secondi con sensibilità impostata sui 400 ISO. Ma conviene fare più esposizioni di diversa durata e impostare diverse sensibilità con il diaframma alla massima apertura. Infatti, quanto abbiamo indicato è solo un punto di partenza; diversi fattori possono rendere più fruttuosa una posa minore o maggiore. La messa a fuoco, naturalmente, dev'essere impostata sull'infinito. Le comete meno estese rendono di più con i teleobiettivi, ma qui diventa necessario avere un dispositivo che controbilanci la rotazione terrestre. Di questi ne esistono diversi; si applicano sul treppiede e la macchina fotografica vi si collega sopra. Purtroppo hanno prezzi non molto popolari, tipicamente dai 200 ai 400 euro. Con essi la posa può essere utilmente prolungata fino a diversi minuti.

Osservare una cometa è una cosa: tutta un'altra scoprirla! Fino al secolo scorso, un appassionato aveva buone possibilità d'essere il primo a individuare uno di questi astri vagabondi. Ma, dall'inizio del nostro secolo, operano in modo automatico dei potenti telescopi in siti ottimali, soprattutto per la ricerca di asteroidi pericolosi. Questi strumenti, molto efficienti, ovviamente scoprono non solo asteroidi, ma qualsiasi altro astro che entri nel loro campo di veduta, comprese le comete. Per questi motivi, come abbiamo detto, mentre in passato un astrofilo esperto aveva buone possibilità di vedere per primo una cometa, ora tali possibilità si sono oltremodo ridotte. Adesso, per un appassionato di astronomia, non è impossibile scoprire una cometa, ma molto, molto improbabile.

Ciò nonostante riteniamo il caso di dedicare alcune pagine di questo libro per parlare delle tecniche adatte alla loro ricerca.

Come è facile immaginare, la prima cosa è un cielo adatto. Un astronomo dilettante può avere uno strumento eccellente, essere molto esperto, metodico, determinato, ecc., ecc., ma se opera sotto un cielo inadatto le sue speranze sono praticamente zero. Diciamo che un cielo adatto è quello che deve consentire la visione *ad una vista normale* di vedere stelle *almeno* di magnitudine 5,0 e 5,5 sarebbe ancora meglio.

Occorre poi, ovviamente, uno strumento adeguato. Fino agli Anni 50–60 del secolo scorso questo poteva essere anche un comune binocolo 10 × 50! A questo proposito citiamo dei casi davvero incredibili avvenuti allora. Uno di questi è stato riportato dal celebre astrofilo inglese P. Moore. Nella sua opera "*The Comets*" egli riporta che un suo amico scoprì una cometa provando un telescopio da ragazzi. Per questo aveva puntato lo strumento verso il cielo attraverso una finestra di una camera da letto, aveva messo a fuoco e ... si era imbattuto in una cometa! Un altro caso incredibile, verificatosi sempre nel secolo scorso, è quello di un signore che stava provando un comune binocolo. Vi sono stati poi casi (sempre nel secolo scorso) di comete scoperte addirittura ad occhio nudo! Un esempio del genere si verificò nel 1961, quando una hostess scoprì una nuova cometa mentre, attraverso i finestrini della cabina dell'aereo, cercava di vedere le luci dell'aeroporto. Curiosamente la stessa cometa fu trovata anche da un pilota delle linee aeree. Evidentemente questa è una categoria di persone la cui occupazione dava loro ampie opportunità di localizzare una nuova cometa nei cieli del mattino. Un'altra brillante cometa, con una coda lunga 8°, fu individuata dal pilota dell'Air France Emilio Ortiz, mentre volava attraverso il Pacifico, il 21 maggio 1970.

Ma, di norma, già allora, anche per un osservatore esperto, lo strumento minimo consigliabile era un binocolo con obiettivi da 80 mm. Le statistiche indicavano che con tale strumentazione un astrofilo con esperienza scopriva una cometa ogni circa 200 ore di osservazione. Ora, a nostro avviso, e intendendo l'osservazione diretta, il *minimo* è costituito da binocoli con obiettivi da 150 mm o telescopi da 20 cm. Considerati i costi e la maneggevolezza, noi riteniamo ottimale un Newton da 25 molto aperto (f/4 o f/5) od anche uno Schmidt-Cassegrain da 20 cm aperto a f/6–f/7. Gli ingrandimenti ottimali sono quelli che vanno dai 30 ai 50×, da ottenersi con un oculare a grande campo. Con un oculare dotato di un campo apparente di 60° e 30× abbiamo un campo di veduta di 2°, un valore ottimale. Sottolineiamo però che pur con questa attrezzatura le probabilità di scoperta osservando visualmente sono ridotte al lumicino.

Una volta dotati di uno strumento che permette di evidenziare oggetti nebulosi almeno fino alla 11ª magnitudine, ci si deve preoccupare di poter consultare due atlanti celesti, per poter riconoscere una cometa da una galassia o una nebulosa, che possono apparire sotto lo stesso aspetto. Ne occorrono due perché, qualsiasi atlante, per perfetto che sia, non è mai completamente immune da errori. Ad esempio, si può far uso del cartaceo Sky Atlas 2000 di W. Tirion e di uno dei diversi digitali reperibili in rete. Una volta in possesso dell'attrezzatura necessaria, si inizia a scrutare il cielo seguendo dapprima le comete note per impratichirsi, formandosi un'idea di come si presentino questi astri all'oculare del telescopio. L'esperienza accumulata dopo sei mesi o un anno (dipende dalla frequenza e durata delle osservazioni) permette di riconoscere questi astri con una certa facilità ed in breve tempo, ciò che consente di passare alla fase della ricerca vera e propria.

Ovviamente si devono adottare tutti quegli accorgimenti che consentano una visibilità ottimale degli oggetti deboli, come quando si desiderano osservare nebulose e galassie. La nostra pupilla si dilata fino a circa 7 mm nei giovani e 5–6 mm per le persone anziane, ma perché questo avvenga occorre trascorrere alcuni minuti al buio. Ancora più tempo (fino a mezz'ora) occorre perché la retina raggiunga la massima sensibilità e lo stato della retina di un osservatore che cerchi di vedere oggetti deboli è un fattore determinante per avere successo. Occorre proteggersi da luci anche lontane, anche semplicemente utilizzando un panno sulla testa. Ecco due trucchetti per percepire oggetti al limite della visibilità. Fare oscillare leggermente lo strumento; il movimento facilita la percezione. L'altro consiste nell'utilizzate la visione distolta, ovvero non guardare direttamente ma un po' a lato. Con queste tecniche si guadagna circa $\frac{1}{2}$ magnitudine. Poiché, come abbiamo detto, occorrono più minuti per raggiungere una buona sensibilità per percepire oggetti deboli, evitate di incorrere in luci (ad esempio quella di un cellulare) disturbanti.

Com'è noto, le comete presentano la maggiore attività quando si avvicinano molto al Sole e per questo in passato le ricerche si rivelavano più fruttuose quando si scrutava in quelle regioni. In linea di massima, seguendo questo criterio, conveniva scandagliare il cielo fino a 90° dal Sole sia ad ovest dopo il tramonto che ad est subito prima dell'alba. Seguendo questo criterio, applicato con successo fino alla fine del secolo scorso, si può, ad esempio, procedere spazzando il cielo per 60° in Ascensione Retta (da 30° a 90° dal Sole) spostando ogni volta lo strumento di 30' in Declinazione (un buon valore equivale a 2/3 del diametro del campo), in modo da salire da −10° a +40° o da 0° a +50°, con particolare attenzione alla fascia eclitticale, senza però mai scendere, per le latitudini dell'Italia, su declinazioni molto negative per evitare di osservare troppo basso sull'orizzonte: quelle zone di cielo possono essere osservate con maggior profitto da osservatori più australi. Abbassarsi molto sull'orizzonte è opportuno soltanto nelle ore del crepuscolo serale o mattutino per scoprire comete vicinissime al Sole, quando sono pressoché al massimo della loro luminosità.

Charles Messier
Tra i maggiori scopritori di comete del passato una nota a parte merita Charles Messier (1730–1817), un astronomo francese che osservava soprattutto da Parigi. Per ricordare la sua passione per la ricerca delle comete, il cratere che lo ricorda sulla Luna è uno che ha dietro di sé una doppia striscia che ricorda la coda di una cometa. Ebbene, il suo ardore per questo genere di ricerche era tale che, rimasto vedovo negli stessi giorni in cui Montagne (un altro astronomo francese, di Limoges) scopriva una cometa, ricevette le condoglianze dei suoi amici. E a questi rispose dicendo: "Ne avevo già scoperte undici, ci voleva proprio quel Montagne per portarmi via la dodicesima!" Poi, accorgendosi che gli amici si riferivano a sua moglie e non alla cometa, aggiunse: "Ah, sì, era pur una buona donna." Poi continuò a rimpiangere la sua cometa.

Lo scandaglio sistematico sopra indicato può richiedere un paio d'ore alla sera e altrettante (ma molto più scomode) al mattino. Date tutte le possibili inclinazioni delle orbite cometarie, benché la maggioranza sia in prossimità dell'eclittica, non è male dare qualche "spazzata" anche ad alte declinazioni nell'emisfero boreale, setacciando la regione nord nelle ore centrali delle notti estive, quando il Sole non si trova a molti gradi sotto l'orizzonte. Nella ricerca alcuni preferiscono uno strumento altazimutale, che trovano più pratico per setacciare il cielo orizzontalmente, secondo cerchi di almucantar, altri in ogni caso l'equatoriale, annotando ogni volta la declinazione già esaminata. Noi siamo più favorevoli alla seconda soluzione con "spazzate" parallele all'equatore celeste, benché osservatori di grande talento optino per la prima, che è indubbiamente molto pratica quando il campo raggiunge i 3°. Oltre all'ingrandimento "normale", da 25 a 40×, è consigliabile avere pronto un altro oculare da 60–70× per esaminare meglio alcuni soggetti "sospetti". Cioè, talvolta ci si può imbattere in comete dall'aspetto così puntiforme che a bassi ingrandimenti possono essere scambiate per stelle. Il grande osservatore inglese W. F. Denning, attivo tra la fine del XIX e l'inizio del XX secolo, che scoprì 5 comete con un telescopio tipo Newton da 25 cm (poteri da 32 a 40×), teneva sempre a portata di mano un oculare da 60× per questi oggetti "sospetti".

Le statistiche della seconda metà del XX secolo dimostrano che, grosso modo, un osservatore esperto scopriva una cometa ogni 200–250 ore osservative; questo indica che bisogna armarsi di molta costanza osservando sistematicamente quando il cielo è limpido e non è presente la Luna. L'astrofilo a caccia di comete trova comunque molti giorni di riposo dovuti alle condizioni atmosferiche non favorevoli anche per semplice foschia o per la Luna. Una percentuale osservativa del 20% dei giorni si può considerare come soddisfacente. Nel passato alcuni si sono fatti beffe delle statistiche; Pons scopriva comete con una frequenza annuale, Brooks con una frequenza semestrale e un astrofilo superfortunato ne scoprì una mentre provava un oculare sulla stella K Cephei!

Se ci si imbatte in un oggetto nebuloso, non risultante su entrambi gli atlanti celesti che abbiamo consultato, aspettiamo ad esultare. Potrebbe trattarsi di un gruppetto di alcune stelle, che con un basso ingrandimento dà questa impressione. È accaduto che Messier abbia catalogato come oggetto nebulare proprio un tale raggruppamento (M73, composto da 4 stelle). Quando si avvista un oggetto che potrebbe essere una cometa, conviene attendere una o due ore durante le quali si dovrebbe notare uno spostamento. Le comete, infatti, quando sono alla portata di strumenti amatoriali, mostrano comunemente uno spostamento da 0,5 a 2 gradi al giorno rispetto alle stelle; un moto quindi facilmente rilevabile da un'ora all'altra al telescopio.

Se l'oggetto ha tutta l'aria d'essere una cometa, movimento compreso, prima di pensare di poterle dare il proprio nome occorre riflettere che potrebbe trattarsi di un astro periodico o scoperto da poco. È bene, di conseguenza, comunicare l'osservazione (va benissimo una comune mail, SMS, ecc. ad un Osservatorio astronomico professionale) richiedendo ulteriori informazioni in merito. Mandare direttamente una mail a Cambridge (Massachusetts), come fanno incautamente alcuni, può voler dire aggiungere, ad una lista già lunga, un falso allarme o un semplice errore osservativo. Un po' di prudenza non guasta!

A questo punto è doveroso ribadire quanto abbiamo già detto sopra e cioè che oggi giorno è *molto* improbabile scoprire visualmente una cometa; i telescopi professionali automatici fanno "tabula rasa". Probabilità maggiori si hanno con la fotografia. Questa, grazie ai moderni sensori digitali, consente, già con aperture nell'ordine dei 20 cm, di raggiungere facilmente comete di 13° magnitudine ed anche decisamente più deboli.

Denominazioni e sigle

Quando si parla popolarmente di comete, le si identifica quasi sempre con un nome; ad esempio cometa di Halley, cometa McNaught, cometa Holmes, ecc. Indubbiamente questo è un sistema comodo e di facile comprensione per tutti. Ma la regola ufficiale attualmente in vigore degli astronomi per designare questi viaggiatori ghiacciati è un'altra e risale al 1994, quando venne codificata dall'Unione Astronomica Internazionale. Essa venne stabilita allo scopo di evitare confusione causata da nomi simili. Per capire come funziona prendiamo come esempio la cometa Thatcher, quella che dà origine allo sciame meteorico delle Lyridi di aprile; essa è ufficialmente designata C/1861 G1 (Thatcher). I prefissi più comuni per indicare le comete sono C e P. Il P indica una cometa periodica con un periodo orbitale massimo di 200 anni. Il numero collegato alla P indica l'ordine della scoperta della periodicità. Per esempio, la cometa 1P/1682 Q1 (Halley) è così definita poiché fu la prima cometa della quale venne accertata la periodicità. Questi numeri vengono assegnati dopo un secondo passaggio al perielio della cometa, che (idealmente) ne conferma la periodicità. La lettera C indica comete non periodiche o comete con periodi maggiori di 200 anni. La cometa Thatcher compie un'orbita intorno al Sole ogni 415 anni, e così è caratterizzata dalla lettera C. Se si usa una X significa che non è stato possibile calcolare un'orbita affidabile, caso tipico di quelle descritte in cronache medievali. Una D indica una cometa che è andata distrutta, disgregata o persa (caso famoso quella di Biela). Se vi è una I vuol dire che si tratta di un oggetto interstellare (l'UAI lo aggiunse nel 2017, dopo la scoperta di 1I/2017 U1 (Oumuamua)). Poco comune è la lettera A che si utilizza per indicare oggetti inizialmente identificati come comete ma che poi si sono rivelati essere asteroidi.

Dopo la lettera e la barra, è indicato l'anno della scoperta, al quale segue una seconda lettera. Questa indica la quindicina dell'anno in cui è stata scoperta. Così si ha: gennaio = A + B; febbraio C + D; marzo E + F; aprile = G + H e così via. Il numero che segue questa seconda lettera ci indica l'ordine della scoperta in quella quindicina dell'anno. Infine, ma non necessariamente, segue il nome dello scopritore. Così, la sigla della cometa Thatcher ci dice che è una cometa o periodica con un periodo maggiore di 200 anni o non periodica, che venne scoperta nel 1861, nella prima quindicina di aprile e che in quel lasso di tempo fu la prima a essere scoperta.

Anche se alla sigla non segue tassativamente il nome dello scopritore, questo è comunemente quasi sempre indicato. Anzi, di nomi ve ne possono essere due o – al massimo – tre. Il regolamento *attuale* prevede che questo si verifichi se la scoperta viene segnalata nell'arco di poche ore e l'ordine dei nomi segue quello delle comunicazioni al centro di raccolta, che si trova a Cambridge (Massachusetts) e non quello alfabetico. Così, l'indicazione della cometa IRAS-Arachi-Alcoch ci dice che la prima comunicazione è giunta dal satellite IRAS, poi dall'osservatore giapponese Arachi e quindi dall'inglese Alcoch. Il tutto nell'arco di poche ore. Se Arachi e Alcoch avessero comunicato la loro scoperta già dopo un solo giorno, essa si sarebbe chiamata solo IRAS.

Prima del 1994, quando di comete se ne scoprivano molte meno, si seguiva un altro criterio e addirittura si avevano due denominazioni; una provvisoria ed una definitiva, cioè al nome dello scopritore seguiva l'anno di scoperta e una lettera minuscola. Ad esempio la cometa che nel 1970 diede spettacolo (e che fu, come già accennato, anche la prima vista dall'autore di questo libro) ebbe la designazione provvisoria di Bennett 1969 i. Questo perché fu la nona cometa (i è la nona lettera dell'alfabeto), scoperta nel 1969 dall'astrofilo sudafricano John C. Bennett. Questa stessa cometa ricevette poi la designazione definitiva di 1970 II, essendo stata la seconda cometa a passare al perielio nel 1970.

Nascita e orbite

Dopo aver calcolato l'orbita di 24 comete ben osservate, Halley notò che nessuna di esse aveva un moto chiaramente iperbolico. Egli pertanto si convinse che le comete fossero tutte legate al Sole e che tornassero anche dopo tempi molto lunghi. Per oltre due secoli dopo questa visione di Halley non vi fu nessuna ulteriore fondata evidenza sul loro luogo di nascita. Ciò nonostante emersero anche teorie secondo le quali il loro luogo di nascita potesse essere lontano dal Sole. Tra le più autorevoli ricordiamo quella di Immanuel Kant (nel sistema solare), di Pierre Simon Laplace (origine interstellare), Giuseppe Luigi Lagrange (sistema solare), Raymond A. Lyttleton (interstellare) e Sergey Konstantinovich Vsckhsvyatskij (sistema solare). Infine, il fondamentale lavoro di Jan Hendrik Oort, della metà del secolo scorso, indirizza in modo perentorio l'origine delle comete nel sistema solare.

Cinquant'anni dopo il lavoro di Halley del 1705, il filosofo tedesco Immanuel Kant (1724–1804) pubblicò la sua cosmologia, nella quale il sistema solare fu immaginato come parte di un vasto sistema di stelle costituenti la Galassia. Nella sua visione, una volta creato da Dio, l'universo si evolse in accordo con le leggi scoperte da Newton. I corpi di ciascun sistema si formarono dalla condensazione di materiale primordiale che andava ad assumere la forma di dischi. I vari corpi di ciascun sistema durarono il tempo di cadere nella stella centrale e fu questo materiale in caduta ad alimentare il calore. Infine la stella centrale esplose in una nube diffusa di materiale e il processo di formazione dei pianeti iniziò nuovamente. Questa formazione e distruzione ciclica dei sistemi continuerebbe nel tempo. Nella cosmologia di Kant nel sistema solare le comete si sarebbero formate con i pianeti dalla nebulosa solare, ma a distanze molto più grandi dal Sole. Secondo Kant l'eccentricità orbitale e le masse dei pianeti incrementano con la distanza dal Sole; nelle regioni più remote la bassa densità della nebulosa primordiale e la leggerezza delle particelle rende il processo di formazione più lento. Questo spiega, scriveva Kant, perché le comete hanno questi vapori e code. Nonostante questa correttezza di vedute, il suo libro sulla cosmologia non ebbe larga diffusione nel diciottesimo secolo, in parte perché molte delle copie appena stampate furono confiscate in quanto l'editore fece bancarotta. Il lavoro di Kant fu importante perché anticipò, in forma qualitativa, le vedute di Pierre Simon Laplace dell'inizio del diciannovesimo secolo. La cosmologia nebulare in seguito divenne nota come teoria di Kant-Laplace.

Nel 1808 e nel 1812 William Herschel presentò le sue idee sulle comete. Secondo le sue vedute le comete viaggiavano attraverso lo spazio interstellare raccogliendo materiale nebuloso e trasferendolo alle stelle vicine nei pressi delle quali transitavano, rifondendo così il materiale utilizzato per risplendere. Le comete più vecchie sarebbero state quelle che avrebbero perso la maggior parte del loro materiale nebuloso e per questo le loro code erano più modeste. Ad ogni passaggio vicino ad una stella le comete si sarebbero consolidate divenendo più dense. Alla fine una cometa, perdendo tutto il suo materiale nebuloso, sarebbe divenuta un pianeta. Queste vedute di un sommo astronomo come W. Herschel la dicono lunga sulla mancanza di conoscenza che allora albergava intorno alle comete.

Nel 1812 Giuseppe L. Lagrange iniziò ad occuparsi dell'origine delle comete condividendo le vedute di Laplace secondo le quali la nebulosa solare primordiale poteva spiegare le orbite quasi circolari dei pianeti. Però le orbite molto eccentriche e molto inclinate delle comete non si accordavano con l'ipotesi di Laplace. Considerando l'idea di Wilhelm Olbers, secondo la quale gli asteroidi avrebbero avuto origine da un pianeta frantumato fra Marte e Giove, Lagrange iniziò a calcolare le condizioni per cui un evento esplosivo su un pianeta avrebbe potuto produrre corpi che viaggiavano su orbite tipo quelle delle comete intorno al Sole. Lagrange sviluppò delle formule che fornivano la velocità necessaria per proiettare un corpo in un'orbita cometaria di una data inclinazione. Egli dimostrò che la massima velocità di espulsione per un'orbita cometaria parabolica diretta o retrograda avrebbe dovuto essere rispettivamente di 1,73 o 2,24 volte la velocità orbitale del pianeta. La velocità di espulsione avrebbe dovuto essere maggiore se si considerava l'ulteriore velocità necessaria a superare sia la gravità del pianeta che la generava che la resistenza di una eventuale atmosfera. Per la Terra i calcoli di Lagrange indicavano che una traiettoria parabolica diretta avrebbe richiesto una velocità di 145 volte maggiore di quella di un proiettile, mentre per una retrograda questa velocità diveniva di 180 volte. Lagrange considerò che la velocità media di un proiettile fosse di 70 volte inferiore a quella orbitale della Terra, o circa 430 metri al secondo (1550 km/ora). La causa che avrebbe potuto produrre l'espulsione di corpi dalla superficie sarebbe stata l'estrema pressione dall'interno molto caldo del pianeta. Lagrange terminò la sua memoria facendo notare che la sua ipotesi per l'origine delle comete, insieme con quella nebulare di Laplace per la formazione dei pianeti, forniva una spiegazione unica per l'origine di tutti i corpi del sistema solare.

Lagrange non discusse sulle probabilità di osservare comete a lungo periodo scaturite da eruzione planetarie, ma questo lo fece François Félix Tisserand (1845–1896). Egli, nel 1890, sviluppò ulteriormente le formule di Lagrange e concluse che era improbabile che una cometa a lungo periodo, espulsa da un pianeta con una direzione e velocità ben definita, potesse passare entro la zona di visibilità della Terra. Ovvero che questo avrebbe dovuto avvenire piuttosto raramente e pertanto non in accordo con il grande numero di comete dall'orbita prossima alla parabola. Di conseguenza egli ne dedusse che questo meccanismo di espulsione doveva essere improbabile.

Nel 1813 Laplace presentò le sue idee sull'origine delle comete; poiché la sua teoria nebulare poteva spiegare la presenza di una massa dominante nel centro (il Sole) e il fatto che le orbite planetarie fossero quasi circolari e nello stesso piano, essa di contro non ammetteva alte eccentricità e alte inclinazioni. Per questo, analogamente a W. Herschel, Laplace preferì considerare le comete di origine interstellare, formate da condensazioni di materia nebulare sparsa nell'universo e in moto da un sistema stellare ad un altro. Egli calcolò che la sfera di influenza del Sole fosse di 100 mila UA e che al di là di questo limite le comete dovevano essere presenti con moti a velocità variabili da praticamente zero a valori altissimi. Il Sole avrebbe attratto soprattutto quelle con moto più lento, mentre le altre sarebbero cadute nel campo gravitazionale del Sole solo se il loro moto fosse stato diretto già inizialmente verso la nostra stella. Con considerazioni statistiche Laplace dimostrò che di 5713 comete che iniziarono la loro "caduta" nella zona di visibilità per la Terra da una distanza iniziale di 100 mila UA ed un perielio inferiore a 2 UA, solo una avrebbe dovuto mostrare un'orbita fortemente iperbolica. La stragrande maggioranza avrebbe dovuto raggiungere il Sole su orbite di tipo parabolico. Alcune avrebbero subito una variazione dell'orbita (quasi sempre una riduzione) a causa delle perturbazioni planetarie o forse per un mezzo resistente. In questo modo Laplace fu un antesignano nel prevedere le variazioni di orbite da quasi paraboliche a quelle a breve periodo per le perturbazioni planetarie. Nonostante che i risultati di Laplace fossero in accordo con la distribuzione delle orbite osservate e l'avvallo alla loro origine interstellare, egli trascurò il moto del Sole in relazione alle stelle e alle comete.

Nel 1783 William Herschel analizzò diverse stelle vicine che egli aveva osservato diversi anni prima e notò delle variazioni nelle loro posizioni. Egli dedusse che erano in movimento l'una rispetto all'altra e che il Sole avesse rispetto alle stelle un movimento chiamato moto proprio. Egli, correttamente, determinò che il Sole si stesse muovendo verso le stelle della costellazione di Ercole. Il punto verso il quale si muove venne chiamato apice; quello opposto antiapice.

Nel 1866 e 1867 Giovanni Schiaparelli (1835–1910) dimostrò che se si considerava il moto del Sole, con l'ipotesi dell'origine interstellare, il supposto numero di comete iperboliche osservate avrebbe dovuto essere molto maggiore rispetto alla stima di Laplace. Inoltre, non era stata osservata alcuna cometa che mostrasse una netta variazione dal moto parabolico. Così il lavoro di Schiaparelli escluse in modo netto un'origine interstellare delle comete. Ma anche se la mancanza di comete con orbita iperbolica indicava pesantemente una loro origine all'interno del sistema solare, questa non poteva essere esclusa per tutte.

Un'ulteriore evidenza all'assenza di orbite iperboliche fu presentata nel 1894 dall'astronomo tedesco e prete cattolico Anton Karl Thraen (1843–1902). Egli fece presente che alcune comete, la cui orbita era leggermente iperbolica, ne avrebbero presentano una parabolica se si fossero considerate le perturbazioni planetarie alle quali erano soggette durante il loro percorso nelle parti interne del sistema solare.

Nel 1948 e 1951 l'astronomo inglese Raymond Lyttleton (1911–1995) pubblicò una delle poche teorie che tentò di spiegare sia la formazione delle comete che il loro successivo comportamento dinamico. Secondo questa ipotesi le comete si sarebbero formate per il passaggio del Sole attraverso una nube interstellare di polvere. Le particelle di polvere avrebbero seguito traiettorie iperboliche con il Sole in un fuoco e colliso una con l'altra lungo una linea parallela. Un osservatore che si fosse mosso nello spazio davanti al Sole e nella direzione del suo moto avrebbe dovuto vedere le particelle di polvere collidere una con l'altra oltre esso, nella direzione dell'anti apice. Durante la collisione le particelle avrebbero dovuto diminuire la loro velocità e si sarebbero agglomerate producendo piccole nubi di particelle, che Lyttleton identificò come comete. Alcune velocità iniziali iperboliche sarebbero diminuite dando luogo ad orbite ellittiche o paraboliche. Le particelle che collidevano troppo vicine al Sole si sarebbero vaporizzate mentre altre sarebbero addirittura cadute sulla nostra stella. Così per particelle con una velocità iniziale rispetto al Sole di 1 km/sec., Lyttleton stimò che le comete avrebbero potuto formarsi tra 17 e 1100 UA dal Sole nella direzione dell'antiapice.

Sebbene la teoria di Lyttleton fosse attraente nel tentare di spiegare sia il dove che il come le comete si formassero, presentava però dei problemi. Innanzi tutto era difficile capire perché le comete formate in questo modo semplicemente non cadessero sul Sole, poiché la loro formazione avveniva con nessun moto trasversale o momento angolare rispetto ad esso. Era anche problematico spiegare come mai il processo di formazione che aveva luogo lungo una particolare direzione nello spazio poteva produrre comete a lungo periodo che erano osservate in tutte le direzioni. Inoltre, era anche difficile spiegare perché le comete a lungo periodo osservate evolvevano in una popolazione con valori molto differenti dal loro semiasse maggiore originario. La teoria di Lyttleton non spiegava neppure le forze non gravitazionali e il fatto che comete così costituite potessero sopravvivere a passaggi ravvicinati al Sole senza essere vaporizzate. Ciò nonostante, la teoria di Lyttleton sopravvisse fino al marzo 1986, quando la sonda Giotto incontrò la cometa di Halley. Allora, grazie alle immagini della sonda, essa venne definitivamente abbandonata in favore del coerente nucleo conglomerato di ghiaccio.

Studiando la luminosità intrinseca di 94 comete periodiche, Nicholas T. Bobrovnikoff (1896–1988), determinò il tasso col quale le comete si indebolivano nel tempo. Nella sua pubblicazione del 1929 egli suppose che le comete non divenissero mai più luminose di un certo livello, quindi determinò che esse non potevano vivere più di un milione di anni. Ne conseguiva che la loro breve vita non ne rendeva plausibile la formazione insieme a quella dei pianeti. Se fosse stato così, esse sarebbero scomparse ormai da moltissimo tempo.

Notando il decremento della luminosità intrinseca di diverse comete a breve periodo, Sergey Vsekhsvyatskij (1905–1984) stimo la durata della vita cometaria a non più di poche migliaia di anni. Questa vita effimera insieme all'inefficienza della cattura di comete interstellari tramite le perturbazioni planetarie, condusse Vsekhsvyatskij a supporre che era più probabile che fossero i pianeti a generare le comete a breve periodo. Quindi, egli fece risorgere l'ipotesi del nostro Lagrange. Nel 1930 e 1931 egli suppose che la sorgente delle comete fossero le eruzioni vulcaniche dei pianeti maggiori. Venti anni più tardi egli considerò eruzioni simili dai satelliti dei pianeti, principalmente da quelli di Giove, poiché la velocità di fuga da questi corpi è solo una frazione di quella richiesta da Giove, 60 Km/sec. Secondo questo astronomo russo le comete a breve periodo vengono prodotte dalle eruzioni dei satelliti mentre quelle a lungo periodo si formarono milioni di anni fa durante catastrofiche eruzioni dai maggiori pianeti esterni. Secondo Vsekhsvyatskij la sua teoria sarebbe stata corroborata dalla distribuzione degli elementi delle orbite cometarie, dall'accordo tra la composizione chimica delle comete e quella delle atmosfere dei pianeti maggiori e dei loro satelliti (come si riteneva negli Anni 30), dall'osservazione di eruzioni sui pianeti, come le macchie bianche che si osservano circa ogni 30 anni su Saturno. Inoltre, poiché molte comete della famiglia di Giove mostravano uno stretto accostamento dell'orbita al pianeta nel periodo precedente la scoperta, questo avrebbe provato che furono espulse, altre, secondo l'astronomo russo, ebbero come origine i satelliti. Per avere un'idea dell'energia richiesta, a titolo d'esempio, ricordiamo che l'eruzione del Krakatoa del 1883 sviluppò ben 10^{26} erg di energia, mentre le eruzioni cataclismiche del terziario e quaternario da 10^{29} a 10^{30} erg. Ma per la formazione di una cometa tipica (massa di 10^{11} tonnellate) si calcola che l'energia richiesta dovrebbe essere di 10^{28}–10^{29} erg, superiore di almeno un centinaio di volte a quella della grande eruzione del Krakatoa del XIX secolo. Inoltre, già negli Anni 30 del secolo scorso, il meccanismo fisico dell'espulsione di corpi ad alta velocità dai pianeti o dai loro satelliti appariva improbabile e così solo pochi seguirono questa idea. Fu evidenziato, correttamente, che né la Terra, né la Luna espellono corpi in orbite cometarie. I pianeti non possono espellere massa a velocità sufficiente per spiegare le comete a lungo periodo neppure in improbabili eventi esplosivi. Così, nella metà del XX secolo, né l'origine interstellare di Lyttleton, né quella interna al sistema solare di Vsekhsvyatskij spiegavano facilmente le caratteristiche osservate nella popolazione delle comete. Nell'ambito di queste vedute, ma spingendole ad uno stadio fantascientifico, Immanuel Velikovsky (1895–1979), nel suo saggio *Mondi in collisione* del 1950 scrisse che Giove espulse una specie di cometa che divenne il pianeta Venere! Questa poi passò così vicino a Marte da fargli cambiare orbita e quindi si avvicinò alla Terra provocando tutte le catastrofi di cui abbiamo notizia dalla Bibbia e nelle antiche leggende e – infine – Venere si inserì nell'orbita attuale! È difficile immaginare storie così fantasiose e antiscientifiche, eppure (o forse proprio per questo...) il libro ebbe un grande successo di vendite!

Ma torniamo sui binari della scienza.

I risultati dei modelli di formazione cometaria cambiano con la scelta dell'ambiente protoplanetario preso in considerazione. Nell'ipotesi in cui si scelga una nebulosa protoplanetaria di massa bassa (modello di Safronov) non ci si può allontanare troppo dal protosole, altrimenti gli elementi volatili a disposizione sarebbero troppo scarsi e il tempo necessario all'accrescimento delle comete sarebbe maggiore del tempo necessario a formare un protopianeta. Se si assume che le comete si siano formate nelle stesse regioni di formazione dei pianeti, si deve individuare un meccanismo capace di ripulire il sistema solare dai milioni di comete rimaste in utilizzate nella costruzione dei pianeti. Un meccanismo molto semplice è costituito dalle perturbazioni gravitazionali di Giove e Saturno che possono essere ritenute responsabili dell'espulsione dal sistema della grande maggioranza delle comete.

Nelle vedute attuali si ritiene che le comete siano nate dal materiale residuo meno denso della formazione del Sole e dei pianeti. Questo materiale, essendo meno denso, è stato spinto lontano mentre quello più denso è rimasto ad una distanza inferiore dal Sole. Ecco perché abbiamo la cintura degli asteroidi a solo qualche unità astronomica dal Sole mentre il grande serbatoio delle comete dovrebbe trovarsi a distanze enormi, nella cosiddetta "nube di Oort". L'esistenza di questa nube venne ipotizzata già nel 1932 dall'astronomo estone Ernst Julius Öpik (1893–1985). Egli esaminò la stabilità delle comete e delle meteore in relazione alle perturbazioni stellari e arrivò alla conclusione che esse dovrebbero rimanere legate al Sole anche fino ad una distanza di un milione di UA. Perfino a questa distanza, approssimativamente quattro volte la distanza della stella più vicina, secondo Öpik le comete dovevano rimanere legate al Sole per tutta l'età del sistema solare. Egli concluse che come risultato delle perturbazioni stellari le distanze perieliche delle comete a lungo periodo avrebbero dovuto incrementare col tempo così che alla fine la loro distribuzione avrebbe formato una nube o guscio ai confini del sistema solare. Comunque, una piccola percentuale di questi oggetti, con grandi distanze perieliche iniziali avrebbe potuto variare le loro orbite riducendo tali distanze. Il lavoro di Öpik stabilì la possibilità che una nube di comete avvolgente il sistema planetario ad una distanza superiore a quella della stella più vicina avrebbe potuto rimanere legata al Sole anche considerando le perturbazioni stellari.

Un altro lavoro significativo verso il concetto di nube di Oort fu pubblicato dall'astronomo olandese Adrianus Jan Jasper Van Woerkom nel 1948. L'importanza di questo lavoro risiede nel modo sistematico col quale egli dettagliò i molti problemi relativi all'origine delle comete sia nel sistema solare che al di fuori di esso. Considerando l'origine nel sistema solare, Van Woerkom era al corrente del fatto che il meccanismo di eruzioni di Vsekhsvyatskij poteva spiegare le proprietà orbitali delle comete a breve periodo, ma non quelle a lungo periodo. Seguendo l'obiezione di Tisserand, egli notò che se le espulsioni planetarie non fossero favorevolmente dirette, esse avrebbero prodotto un rapporto di 3 a 1 tra moto diretto e retrogrado, un risultato contrario alle osservazioni. Inoltre, la teoria delle eruzioni non era in grado di spiegare la distribuzione quasi uniforme delle inclinazioni osservate nelle comete a lungo periodo. In un'analisi molto approfondita Van Woerkom fece presente che vi erano problemi da superare per rendere sostenibile un'origine interstellare delle comete; né ripetuti incontri con Giove potevano spiegarla. Dai suoi studi emerse che se l'origine fosse stata interstellare entro un milione di anni tutte le comete a lungo periodo sarebbero scomparse o nel sistema solare interno o negli spazi interstellari. Pertanto egli concluse che o l'origine delle comete sarebbe avvenuta entro l'ultimo milione di anni o che la loro sorgente fosse molto lontana dal Sole in modo tale da non risentire delle sue perturbazioni né di quelle dei pianeti. Di conseguenza, per Van Woerkom nessuna delle teorie fino ad allora proposte era valida!

Nel discutere le obiezioni dell'origine interstellare Van Woerkom menzionò che una nube di comete in movimento permanente con il Sole sarebbe stata esente da alcune obiezioni e fu quest'ultimo pensiero a sviluppare l'ipotesi della nube di Oort.

La teoria della nube venne propugnata con forza negli Anni 50 dall'astronomo olandese Jan Oort (1900–1992) grazie ad un lavoro che metteva quasi tutti d'accordo sulla sorgente, nonché sull'origine delle comete. Nel suo lavoro originale del 1950 Oort concluse che la distribuzione delle orbite cometarie osservate poteva essere spiegata supponendo l'esistenza di una nube di 190 miliardi di comete circondanti il Sole da una distanza fra 50 e 150 mila UA, disturbata di tanto in tanto dalle perturbazioni indotte da stelle di passaggio. Per sviluppare il suo lavoro egli considerò i dati di 19 comete con le orbite ben determinate prima che esse entrassero nelle regioni perturbate dai pianeti. Così la tavola che egli mise a punto indicava le orbite originali, prima dell'alterazione subita dai pianeti. Da essa ricavò che il semiasse maggiore medio era di 55 mila UA, con una conseguente distanza afelica di 110 mila UA; esse quindi dovevano trascorrere la quasi totalità della loro esistenza a grandissima distanza dal Sole.

È stato calcolato che le comete caratterizzate da orbite con afelio a circa 10 mila UA dal Sole potevano essere confinate in una zona dello spazio compresa fra 10 mila e 100 mila UA grazie all'influenza gravitazionale delle stelle più vicine al sistema solare. Le comete che risiedono in questa nube sono caratterizzate da orbite con afelio da 10 a 100 mila UA, esattamente come le comete a lungo periodo, quelle le cui orbite si allontanano talmente dal Sole che i periodi di rivoluzione divengono di molte migliaia e centinaia di migliaia di anni.

Secondo la visione attuale un guscio sferico da 20 a 100 mila UA avvolgerebbe il sistema solare e conterrebbe un numero enorme (qualcosa come 10 miliardi) di comete, benché inferiore a quello ipotizzato inizialmente da Oort. Questa ipotesi è avvalorata dal fatto che quasi tutte le comete presentano orbite estremamente allungate e con qualsiasi inclinazione. Dai primi anni del XXI secolo, grazie alla sonda SOHO, sappiamo che quelle che si avvicinano al Sole ogni anno non sono solo quelle 10–20 osservabili con i telescopi da Terra, ma centinaia. E questo induce a pensare ad un "serbatoio" che ne contenga miliardi e che abbia forma all'incirca sferica. Naturalmente, a causa della spaventosa distanza dal Sole, le comete della nube di Oort non sono assolutamente osservabili con i nostri mezzi, neppure con i telescopi gigan-

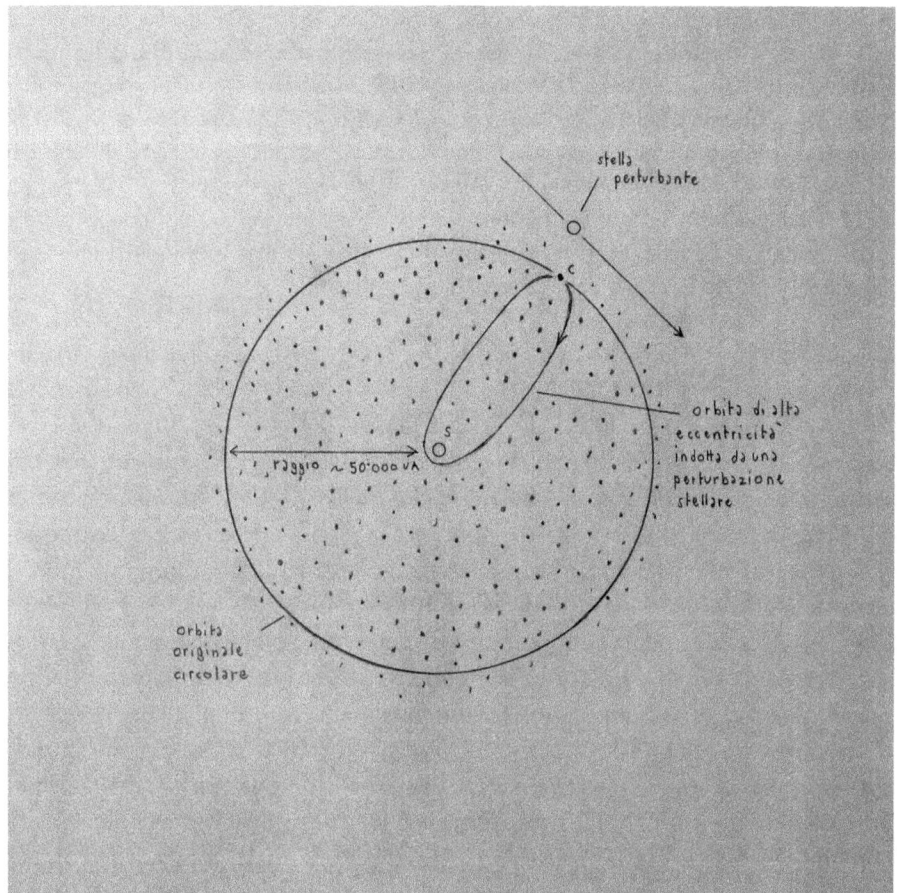

Oggi è generalmente accettata l'ipotesi di Oort, con un grande serbatoio di comete in un guscio sferico che inviluppa il sistema solare. Una perturbazione causerebbe la variazione di orbita delle comete, molte delle quali inizierebbero così il loro cammino verso il Sole. C = cometa perturbata; S = Sole. Disegno dell'autore

teschi della prossima generazione, quelli, per intenderci, con obiettivi dai 25 ai 40 metri. Oggi il telescopio spaziale Hubble può riprendere una cometa di medie dimensioni fino a circa 20 UA e il James Webb fino a circa 50, ma le comete più vicine nella nube di Oort sono almeno 1000 volte più lontane! Questo significa che "brillano" con una magnitudine di ... 60!

Una stima corretta del XIX secolo
L'idea che il numero delle comete legate al sistema solare sia nell'ordine dei miliardi è essenzialmente del XX secolo. Ma già nell'Ottocento pensatori di grandi vedute giunsero a questa conclusione. A questo proposito è interessante riportare quanto

scriveva il celebre astronomo francese Flammarion nel 1879: "Ma, d'altra parte, non è dubbio che quelle che si avvicinano abbastanza al Sole per rendersi visibili dalla nostra stazione, non formano che una piccolissima frazione del numero totale di quelle che gravitano intorno al Sole; ve ne ha in tutti i versi e in tutte le direzioni; e, d'altra parte ancora, l'orbita di Nettuno non limita la sfera dell'attrazione solare: delle comete possono gravitare verso il Sole, non solamente a 30 volte la distanza della Terra, ma a 100 volte, a 1000, a 10000, a 100000 volte quella distanza … Dunque in ultima analisi, non è solamente a milioni, e neppure a centinaia di milioni, che dobbiamo valutare il numero effettivo delle comete, ma a miliardi."

Un'altra conclusione di fondamentale importanza nella teoria della fisica delle comete fu la spiegazione delle forze non gravitazioni alle quali sono soggette. Questo problema coinvolse i ricercatori già dal XIX secolo, quando si resero conto che i ritorni della cometa di Encke non avvenivano esattamente nei tempi calcolati. Inizialmente si suppose che questo fosse dovuto alla presenza nel sistema solare di un mezzo resistente, ma già alla fine dell'Ottocento questa ipotesi divenne insostenibile. Di conseguenza ritornò in auge un'ipotesi che il brillante Bessel aveva avanzato. Questo grande matematico-astronomo tedesco, osservando dei fenomeni esplosivi nel nucleo della cometa di Halley nel 1835, aveva ipotizzato che essi avrebbero dovuto produrre delle spinte tipo razzo, che avrebbero fatto deviare la cometa dalle posizioni calcolate. Nel 1948 l'astronomo sovietico Alexander D. Dubiago suggerì che l'espulsione di materiale tipo polvere dal nucleo, in una direzione differente dalla congiungente Sole-cometa poteva sia aggiungere che sottrarre energia dal moto orbitale della cometa. Per esempio, una spinta nella stessa direzione del moto della cometa poteva aggiungere energia al suo moto orbitale e causare un leggero incremento del periodo da un ritorno all'altro. Fred Whipple usò lo stesso meccanismo nel suo modello di conglomerato di ghiaccio per spiegare le forze non gravitazionali che condizionano il moto della cometa di Encke. Nel 1968 Brian G. Marsden (1937–2010) studiò l'orbita di 18 comete a breve periodo in base a tre o più apparizioni e trovò che 15 di queste erano affette da forze non gravitazionali. Con Zdenek Sekanina (classe 1936) e Donald K. Yeomans (classe 1942) Marsden pubblicò i risultati su diverse comete a breve e lungo periodo nelle quali i modelli delle forze non gravitazionali simulavano la vaporizzazione di acqua ghiacciata in relazione alla distanza eliocentrica, cioè alla distanza dal Sole. Questo modello si dimostrò affidabile, mentre quelli basati su altre sostanze più o meno volatili diedero risultati differenti dalle osservazioni. Whipple e Sekanina, nel 1979, utilizzarono le variazioni nei tempi di ritorno della cometa di Encke, causati dalle forze non gravitazionali per ricavare la posizione dell'asse di rotazione di questa cometa per tutto il periodo storico delle sue osservazioni. Essi conclusero che tale asse era rimasto in prossimità del piano dell'orbita per tutto questo periodo. Nel 1988 Sekanina riesaminò il moto della cometa di Encke, applicando differenti ipotesi sull'intensità della fuoriuscita del gas dal nucleo, in funzione della sua posizione orbitale. Egli concluse che tale fuoriuscita da due regioni causava mediamente all'asse di rotazione della cometa uno spostamento di 1 grado ad ogni periodo orbitale, per un totale di 34° dal 1868 al 1984. Sembra che i poli della cometa di Encke giacciano nel suo piano orbitale (un po' come Urano) e che si abbiano getti di gas e polveri da due regioni attive ogni qual volta che essi sono esposti alla luce solare.

I pianeti, com'è noto, descrivono orbite ellittiche pochissimo eccentriche, tanto che in prima approssimazione si possono considerare dei cerchi; le orbite delle comete invece sono ellissi molto eccentriche, cioè, per dirla alla buona, molto allungate, tanto che mentre al perielio le comete possono giungere a distanza dal Sole assai minore di quella della Terra, all'afelio si spingono nella maggior parte dei casi al di là delle orbite dei più lontani pianeti.

Le tre leggi di Keplero
Parlando di comete è molto importante ricordare le leggi di Keplero. Eccole:

1) Le orbite descritte dai pianeti (ed anche da quasi tutte le comete) intorno al Sole sono delle ellissi delle quali il Sole occupa uno dei fuochi.
2) Il raggio vettore che unisce il pianeta (e la cometa con orbita ellittica) al Sole descrive aree uguali in tempi uguali.
3) I quadrati dei tempi di rivoluzione sono proporzionali ai cubi dei semiassi maggiori.

La legge di gravitazione di Newton afferma che i corpi esercitano una mutua attrazione proporzionale al prodotto delle masse ed inversamente proporzionale al quadrato della loro distanza; da questa legge si ricava, con i metodi del calcolo infinitesimale, che i due corpi girano attorno al comune baricentro descrivendo orbite che possono essere ellissi, parabole od iperboli. Le ellissi sono curve chiuse, mentre la parabola e l'iperbole sono curve aperte: se i due corpi gravitano lungo ellissi allora il moto è periodico, cioè continuano a girare uno attorno all'altro passando alternativamente da una distanza minima ad una massima; se invece descrivono parabole od iperboli, allora si avvicinano una volta sola fino ad una minima distanza reciproca e poi si allontanano all'infinito senza mai più riavvicinarsi.

Queste tre specie di curve, che tutte insieme si chiamano coniche (perché si ottengono sezionando un cono), si distinguono in base ad un parametro detto eccentricità: se l'eccentricità è minore di 1 si ha l'ellisse, se è uguale ad 1 si ha la parabola e se è maggiore di 1 si ha l'iperbole. L'ellisse col crescere dell'eccentricità diviene sempre più allungata: all'opposto, al limite inferiore, quando l'eccentricità è zero, si ha il cerchio; quando l'eccentricità è piccolissima si ha un'ellisse che differisce di pochissimo da un cerchio (ad esempio l'orbita della Terra, che è quasi circolare, ha eccentricità 0,0167). Col tendere dell'eccentricità al valore 1, l'ellisse tende a divenire una curva aperta e precisamente a trasformarsi in parabola.

L'essere l'orbita l'una o l'altra specie di conica dipende dalla velocità relativa dei due corpi ad una certa distanza: se, data la distanza, la velocità è inferiore ad un certo limite, si ha un'ellisse; se è superiore si ha un'iperbole. Se poi la velocità coincide esattamente con quel limite, si ha la parabola. Nel caso del sistema solare, alla distanza della Terra dal Sole, la velocità limite è 42 km/sec. La Terra, che percorre la sua orbita con la velocità media di circa 30 km/sec., segue un'orbita ellittica; se un impulso la portasse alla velocità di 42 km/sec. il moto le farebbe assumere un'orbita parabolica e sfuggirebbe per sempre al Sole. Per questo, la velocità di 42 km/sec. si chiama velocità di fuga dal Sole (alla distanza della Terra).

I pianeti del nostro sistema solare descrivono ellissi di piccola eccentricità; siccome il Sole ha una massa enormemente maggiore di quella di qualsiasi pianeta (333 mila volte quella della Terra), il baricentro di ogni sistema Sole-pianeta si trova vicinissimo al centro del Sole: perciò invece di dire che un pianeta percorre un'ellisse della quale il baricentro occupa uno dei fuochi si può dire in pratica che è il centro del Sole a trovarsi in uno dei fuochi.

Che il Sole occupi uno dei fuochi diviene un'affermazione rigorosa se si considera invece del moto assoluto, quello riferito ad un sistema esterno, il moto relativo del pianeta rispetto al Sole, se cioè si adopera un sistema di riferimento fisso col Sole, ad esempio un sistema di coordinate cartesiane avente l'origine nel Sole. Keplero si avvaleva (e non poteva allora fare altrimenti) di un riferimento relativo al Sole e quindi la sua prima legge è espressa in forma rigorosa (a parte le perturbazioni dovute all'attrazione degli altri pianeti).

In parole povere, il pianeta gira attorno al Sole; il punto dell'ellisse più vicino al Sole si dice perielio, quello più lontano afelio.

Il periodo di rivoluzione dipende dalla lunghezza dell'asse maggiore dell'ellisse: infatti la terza legge di Keplero afferma che i quadrati dei tempi di rivoluzione sono proporzionali ai cubi dei semiassi maggiori. Essendo le ellissi planetarie molto prossime a cerchi, invece di semiassi maggiori si può dire, in prima approssimazione, distanze dal Sole. Volendo essere più precisi, si dirà distanze medie dal Sole. Prendiamo il caso della Terra: quando, ai primi di gennaio, si trova al perielio, dista dal Sole 147 milioni e 102 mila km; all'afelio, in principio di luglio, dista invece 152 milioni e 98 mila km: la media di queste distanze, cioè 149,6 milioni di km, è la distanza media, ed è con questa che si devono fare i conti in base alla terza legge di Keplero. Vediamo un esempio per due pianeti, uno avente periodo P_1 e distanza media dal Sole (o semiasse maggiore, che è la stessa cosa) a_1 e l'altro avente periodo P_2 e distanza a_2

$$\frac{P_1^2}{P_2^2} = \frac{a_1^3}{a_2^3}.$$

Verifichiamo questa formula con la Terra e Marte. Per la Terra il periodo P_1 è un anno ed a_1 (distanza media) 149,6 milioni di km. Per Marte il periodo di rivoluzione P_2 è di 1,88 anni (cioè circa un anno e 11 mesi). Calcoliamo la distanza media a_2 di Marte dal Sole:

$$a_2 = \sqrt[3]{\frac{P_2^2 a_1^3}{P_2^3}} = 227{,}95 \times 10^6 \, km$$

Si può evitare si fare i calcoli con numeri grossi semplicemente prendendo come unità di misura dei periodi e delle distanze, rispettivamente il periodo e la distanza della Terra. È per semplificare i calcoli che gli astronomi adottano come unità astronomica delle distanze quella media Terra-Sole. Così facendo, P_1 ed a_1 divengono entrambi 1; possiamo adesso chiamare genericamente P ed a il periodo di rivoluzione e la distanza media di un pianeta generico, così la formula precedente diviene

$$\frac{P^2}{a^3} = \frac{1}{1} \quad \text{cioé} \quad P = \sqrt{a^3}, \; a = \sqrt[3]{P^2}$$

Sapendo che il periodo di Marte è 1,88; la distanza risulta:

$$a = \sqrt[3]{1{,}88^2} = 1{,}52$$

Come si vede, così il calcolo è più semplice.

Le comete, a differenza dei pianeti, seguono spesso orbite paraboliche, iperboliche, oppure ellittiche ma molto eccentriche. Con un'orbita fortemente eccentrica come quella di molte comete, non si può più dire che il semiasse maggiore coincide approssimativamente con la distanza dal Sole e non ha senso dire che è uguale alla distanza della cometa dal Sole perché questa varia continuamente ed enormemente; però si può sempre dire che è uguale alla distanza media, cioè alla media fra la distanza minima al perielio e quella massima

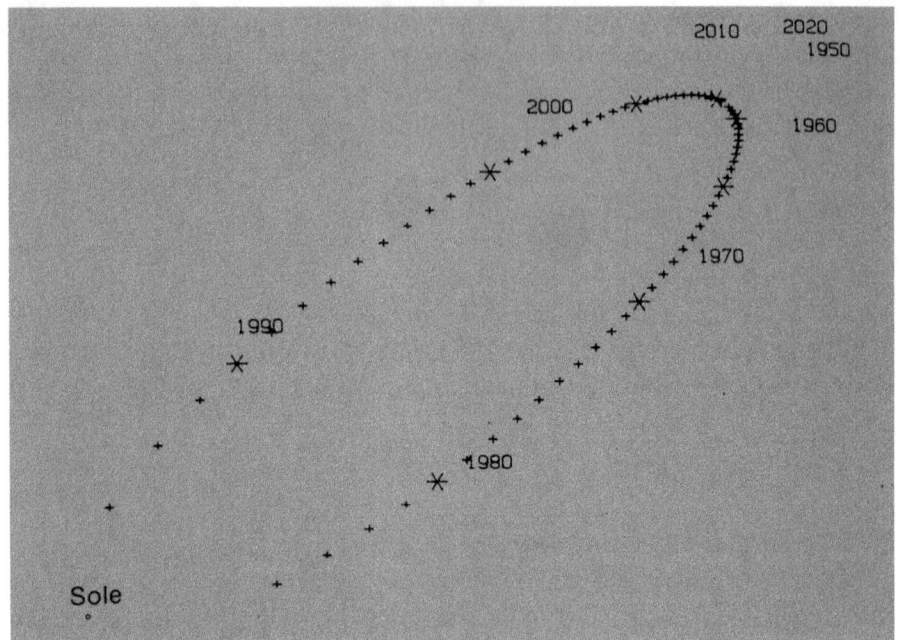

A dimostrazione della seconda legge di Keplero la velocità (in questo caso quello della cometa di Halley) varia a seconda della distanza dal Sole. Gli asterischi, riportati ogni 10 anni, mettono in evidenza la variazione. Dal volume "La cometa di Halley" di De Meis-Manara. Cortesia Il Castello

all'afelio. La terza legge di Keplero non contiene l'eccentricità: il tempo di rivoluzione dipende solo dalla lunghezza dell'asse maggiore; non ha importanza se l'orbita è circolare oppure ellittica, più allungata o meno allungata.

La seconda legge di Keplero ci dice poi che la velocità di un corpo su di un'orbita è continuamente variabile, divenendo massima al perielio e minima all'afelio.

Se l'orbita è poco eccentrica, la differenza di velocità è piccola, come nel caso della Terra che corre attorno al Sole con la velocità media di 29,785 km al secondo, portandosi però a 30,288 km al secondo quando è al perielio e scendendo a 29,29 km/sec. quando è all'afelio. Se l'orbita è perfettamente circolare la velocità è costante, come emerge dalla seconda legge di Keplero, considerando che il raggio vettore in questo caso diventa il raggio, costante.

Da ricordare che le orbite cometarie sono spesso, anche se in misura modesta, modificate da effetti non gravitazionali, in particolare l'effetto razzo. Esso si verifica quando la cometa, avvicinandosi al Sole, per il riscaldamento subito, per la sublimazione dei gas che contiene, emette dei getti in modo non uniforme da tutta la superficie del nucleo; tipicamente vi sono dei getti localizzati. Il nucleo della cometa ruota e presenta col variare del tempo tutta la sua superficie ai raggi del Sole. Il massimo dell'emissione dei gas corrisponde al momento in cui la parte di superficie interessata è più calda. Questo avviene nel "pomeriggio" della cometa, cioè nella parte del nucleo che è stata esposta per più tempo ai raggi del Sole. Di conseguenza l'effetto dei getti produce una spinta in una direzione preferenziale. La direzione in cui si verifica la spinta è opposta a quella dell'emissione, come avviene nei motori a reazione. Se la rotazione del nucleo è nella stessa direzione di rivoluzione dell'orbita, l'effetto razzo tende a fare accelerare la cometa. Al contrario, se la rotazione avviene nel senso opposto.

Le comete visitate dalle sonde

Dopo l'invio delle sonde spaziali verso i pianeti, tra gli altri obiettivi da raggiungere vi furono le comete.

La prima cometa ad essere osservata da vicino da una sonda fu la **Halley**, nel 1986. Questo avvenne grazie alla sonda europea Giotto; fu possibile – finalmente – per la prima volta vedere da vicino il nucleo di una cometa e verificare una forma "a patata" con dimensione di 9 × 15 km, maggiore di quelle che si erano ipotizzate osservando dalla Terra. Il motivo, come si vide, è che il nucleo è molto scuro, riflette molto poco la luce solare.

Lanciata da Cape Canaveral il 24 ottobre 1998 per testare nuove tecnologie (in particolare un propulsore ionico), la sonda Deep Space 1 il 21 gennaio 2001 ha compiuto un fly-by con la cometa **19P/Borrelly**. Anche se orbita ad una distanza media dal Sole di 3,6 UA, questa cometa fa parte della famiglia di Giove. Il suo periodo orbitale è di 6,8 anni e, con un'inclinazione di 30° (rispetto al piano dell'orbita terrestre), si avvicina al Sole fino a 1,35 UA divenendo luminosa come una stella di magnitudine 7,5. Scoperta a Marsiglia il 28 dicembre 1904 da Alphonse Louis Borrelly, alla sonda ha rivelato una forma oblunga con dimensioni di 8 × 4 km ed una superficie secca priva di ghiaccio. Essa ha altresì mostrato una superficie estremamente scura, riflettendo solo il 3% della luce incidente, poiché il ghiaccio è completamente nascosto da una coltre molto scura, arida, chiazzata e fuligginosa.

Nel 2004 la sonda statunitense Stardust visitò la cometa **Wild 2 o 81P/Wild**, scoperta dall'astronomo svizzero Paul Wild il 6 gennaio 1978. È una cometa piuttosto giovane, spinta in un'orbita nel sistema solare interno nel settembre 1974, dopo un incontro ravvicinato con Giove. Si tratta di un astro con un nucleo fra i 4,5 e i 5,5 km di diametro che compie un'orbita intorno al Sole in

La Halley ripresa nel 1986 dalla sonda europea Giotto. Da "Orione", luglio-agosto 1986. Cortesia Il Castello

6,4 anni, avvicinandosene fino a 239 milioni di km e allontanandosene fino a 792 milioni. Questi valori ci fanno capire che si tratta di una cometa della famiglia di Giove, purtroppo troppo debole per essere vista ad occhio nudo. Le osservazioni indicano che l'orbita potrebbe dilatarsi fino a portare il periodo di rivoluzione intorno al Sole lungo come quello di Saturno. La sonda Stardust, lanciata il 7 febbraio 1999, la raggiunse il 2 gennaio 2004, ottenendone molte immagini. Queste mostrarono un nucleo con una densità molto bassa, di 0,6 (Terra: 5,5) e con una superficie crivellata da depressioni dal fondo piatto. Le depressioni non sembrano il risultato di impatti ma piuttosto del collasso di materiale solido in seguito ad uno sfogo interno. Ma la Stardust non si limitò a riprese e studi esterni; essa raccolse anche dei materiali emessi dalla chioma, che sono stati riportati sulla Terra il 15 gennaio 2006. Per raccogliere queste particelle mantenendole inalterate è stato utilizzato un aerogel (schiuma a base di silicio) fissato su un telaio simile a una racchetta da tennis. Nel materiale della cometa è stata rinvenuta olivina, anortite e diopside. Inoltre, dei composti organici contenenti azoto, idrocarburi, alifatici e carbonio.

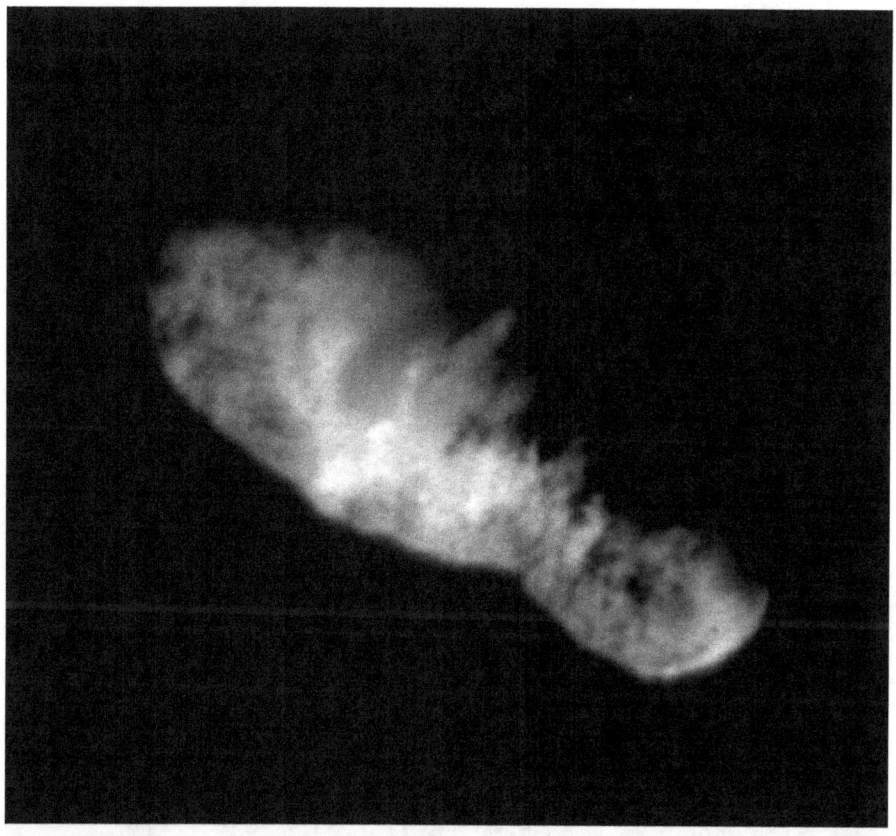

La cometa 19P/Borrelly fotografata nel 2001 dalla sonda NASA Deep Space 1. Credits: NASA/JPL-Caltech

La cometa **Tempel 1** o **9P/Tempel** venne scoperta il 3 aprile 1867 da Ernst Tempel presso l'Osservatorio di Marsiglia. Compie una rivoluzione intorno al Sole in 5,55 anni con perielio di 228 milioni di km (la distanza di Marte) e afelio di 710 milioni di km. Queste distanze e le dimensioni di 14 × 4 × 4 km fanno sì che, vista dalla Terra, non sia mai più luminosa della 11a magnitudine. Essa non solo fu visitata, ma addirittura colpita con la missione Deep Impact. In questa circostanza il 4 luglio 2005 un proiettile chiamato "Smart Impactor" con una massa di 370 kg venne lanciato contro la cometa alla velocità di 37 mila km/ora, provocando un cratere da circa 200 metri di diametro. L'impatto provocò un bagliore che fece aumentare la luminosità della cometa di alcune magnitudini. Le osservazioni della sonda rivelarono che il nucleo compie una rotazione intorno al suo asse in due giorni.

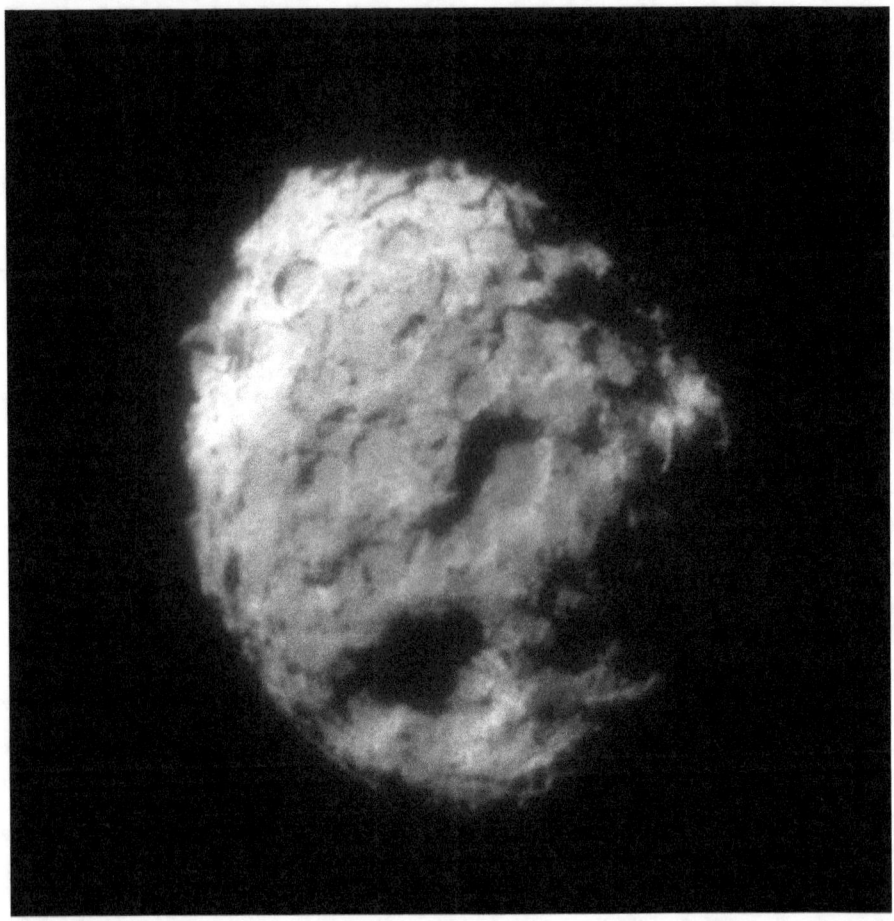

La Wild 2 fotografata dalla sonda Stardust il 2 gennaio 2004. Credits: STARDUST Team.JPL.NASA

La stessa sonda Deep Impact venne in seguito indirizzata verso la cometa **Hartley 2** o **103P/Hartley**, scoperta con il grande telescopio Schmidt da 1 metro dell'Osservatorio australiano di Siding Spring da Malcolm Hartley il 15 marzo 1986, quando era un oggetto di magnitudine 17,5. Questa cometa appartiene alla famiglia di Giove, in quanto il suo afelio è a 882 milioni di km dal Sole, dal quale, al perielio, si avvicina fino a 158 milioni di km. Questo valore fa sì che possa anche avvicinarsi notevolmente alla Terra. Così avvenne nel 2010, quando passò a 10 milioni di km dal nostro pianeta, mostrandosi come un astro di 5° magnitudine. La Hartley 2 percorre la sua orbita in 6,5 anni in senso diretto, ed è inclinata di soli 13° sull'eclittica. Il 4 novembre del 2010

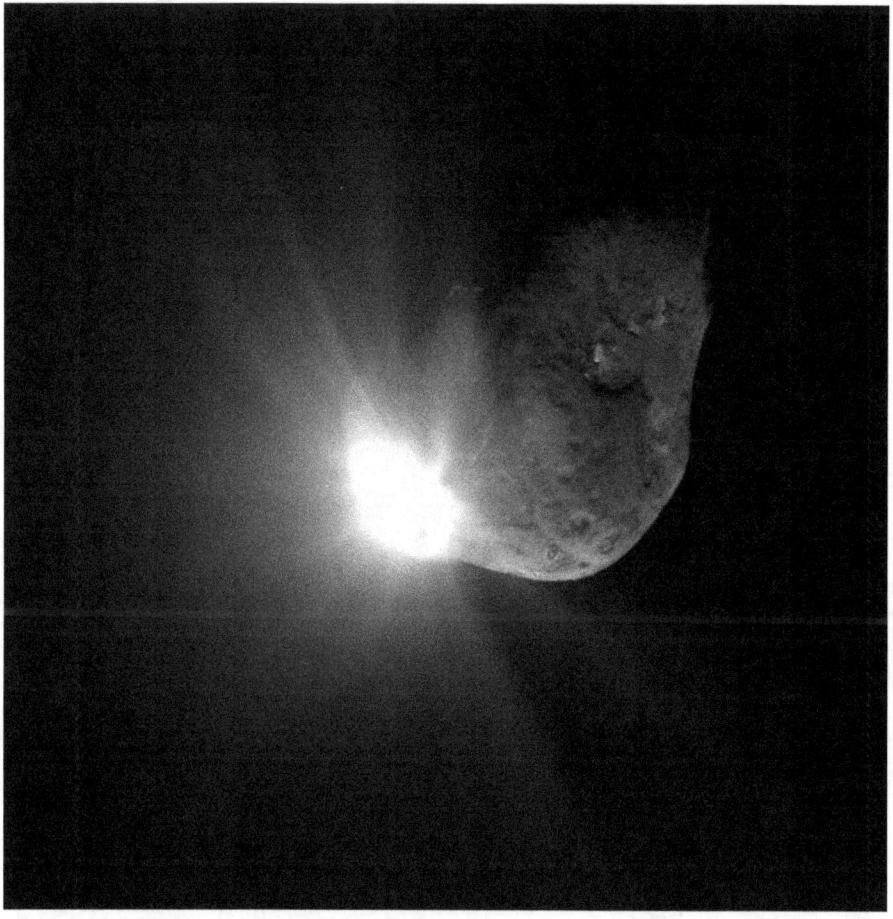

La cometa Tempel 1 ha mostrato un notevole aumento della luminosità in seguito all'impatto. Credits: NASA/JPL-Caltech/UMD

essa è stata raggiunta dalla Deep Impact missione rinominata EPOXI, da un'unione di DIXI (Deep Impact Extended Investigation) e EPOCh (Extrasolar Planet Observation and Characterization). Le immagini della sonda, che si è avvicinata fino a 700 km, hanno mostrato un nucleo allungato con dimensioni di 2,2 × 0,8 km, equivalenti ad un oggetto sferico da 1,2 km. Poiché la cometa era passata da pochi giorni al perielio, la sonda ha osservato getti luminosi, di anidride carbonica e particelle di ghiaccio. Il terreno è apparso granuloso alle estremità mentre nella parte di congiunzione dei due lobi ha rilevato una grana più fine. Il periodo di rotazione è risultato di circa 18 ore.

La Hartley 2 fotografata il 4 novembre 2010. Si notino i getti in basso a destra. Credits: NASA/JPL-Caltech/UMD

Ma la cometa di gran lunga meglio studiata fino ad oggi da una sonda spaziale è stata la **67P/Churyumov-Gerasimenko**. Questa cometa venne rinvenuta da Ivanovyc Churyumov in una fotografia presa l'11 settembre 1969 da Svetlana Gerasimenko. Si rivelò appartenere alla famiglia di Giove con un periodo orbitale di 6,45 anni. L'orbita, per essere quella di una cometa, è da ritenersi poco inclinata (i = 7°) rispetto al piano di quella della Terra, ma, come avviene per la maggior parte delle comete, ha un'alta eccentricità (0,64), per cui ad un perielio di 185,5 milioni di km corrisponde un afelio di 850 milioni. Poiché raggiungeva al massimo la 12a magnitudine, si stimò subito che doveva avere dimensioni piuttosto modeste e che rifletteva una minima percentuale della luce ricevuta dal Sole. Essa venne raggiunta dalla sonda Rosetta che constatò un'albedo di solo il 6% (analogo a quello del carbone) e che le orbitò intorno seguendola nel suo viaggio verso il perielio. In questo modo fu possibile esaminare come non mai le variazioni cui una cometa è soggetta mentre si avvicina al Sole. In questa sofisticata missione dell'ESA il lancio avvenne il 2 marzo 2004 dalla base spaziale di Kourou. Oltre alla sonda-madre, la missione aveva anche un lander – Philae – che atterrò sulla cometa il 12 novembre 2014. Purtroppo l'atterraggio non avvenne correttamente e Philae non diede tutti i risultati sperati. Ma in compenso la sonda Rosetta orbitante intorno alla

La 67P/Churyumov-Gerasimenko ripresa nel 2015 dalla sonda Rosetta. Credits: ESA/Missione Rosetta

cometa svolse egregiamente il suo lavoro. Alla fine della missione, il 30 settembre 2016, la sonda ormai quasi priva di alimentazione, venne fatta schiantare sulla cometa. La Churyumov-Gerasimenko ha rivelato una forma particolare con dimensioni di 3,5 × 4 km. Più esattamente, è emersa una specie di cometa binaria a contatto, dove una specie di "collo" unisce due parti. La maggiore ha dimensioni di 4,1 × 3,2 × 1,3 km; l'altra di 2,5 × 2,5 × 1,0 km. Emerse una densità molto bassa, cioè di 0,47 neppure 1/10 di quella della Terra. Di conseguenza la massa globale di questa cometa, che ruota intorno ad un suo asse in 12,76 ore, è solo di circa 10 miliardi di tonnellate. La sonda ha anche potuto determinare che la polvere emessa dalla 67/P nello spazio circostante è costituita per circa la metà della sua massa da anidride carbonica (CO_2), monossido di carbonio (CO), altri composti organici e minerali (per lo più silicati) non idrati, ovvero privi di acqua. Si ritiene che l'alto contenuto di minerali idrati nella polvere della cometa sia un'indicazione del fatto che essa contenga materiale incontaminato proveniente dal sistema solare primordiale. L'alto contenuto di carbonio ha presentato un valore simile a quello medio del sistema solare ed è risultato comparabile con quello della cometa di Halley, che venne definito dalla sonda Giotto durante il flyby del 1986.

Incontri ravvicinati e rischi di impatti con la Terra

Le comete, sia avvinandosi che allontanandosi dal Sole attraversano il piano dell'orbita terrestre, quasi sempre più vicine o più lontane di quanto si trovi la Terra. In queste circostanze possono arrivare molto vicine al nostro pianeta, così da presentarsi spettacolari, come avvenne per la Hyakutake nel 1996 o addirittura terrificanti come la Halley nel 837. Purtroppo, anche se si tratta di un evento raro, può verificarsi che la cometa attraversi l'orbita terrestre alla stessa distanza della Terra, ovvero venga a passare sull'orbita terrestre. Questa di per sé non è ancora una situazione che crea necessariamente un impatto col nostro pianeta, ma lo scontro diventa inevitabile se la cometa viene a trovarsi in questo punto nello stesso periodo in cui vi passa la Terra. Fortunatamente è molto raro che si verifichino queste circostanze, ma, purtroppo, le probabilità non sono nulle.

Esistono dei reperti storici dell'impatto di qualche cometa con la Terra? Ebbene, pare proprio di sì ed in un'epoca pure non molto lontana: si tratta dell'evento Tunguska.

Il 30 giugno del 1908, tra le 7 e le 8 del mattino un corpo celeste apparve nel cielo della Siberia esplodendo in prossimità del suolo e provocando un enorme boato che venne udito in un raggio di oltre 1000 km. Fortunatamente l'impatto si verificò in una zona pressoché disabitata, a 61° di latitudine nord e 102° di longitudine est, in prossimità del fiume Podkamennaia Tunguska (Tunguska Petrosa), affluente dello Jenissei. Gli abitanti della zona descrissero una specie di palla di fuoco che in pochi secondi percorse il cielo da sud-est a nord-ovest. Lo spostamento d'aria fu fortissimo in un raggio di alcune decine di chilometri. Numerosi testimoni dichiararono di aver visto all'orizzonte, dove il bolide era scomparso, un bagliore bluastro, lasciando dietro una densa

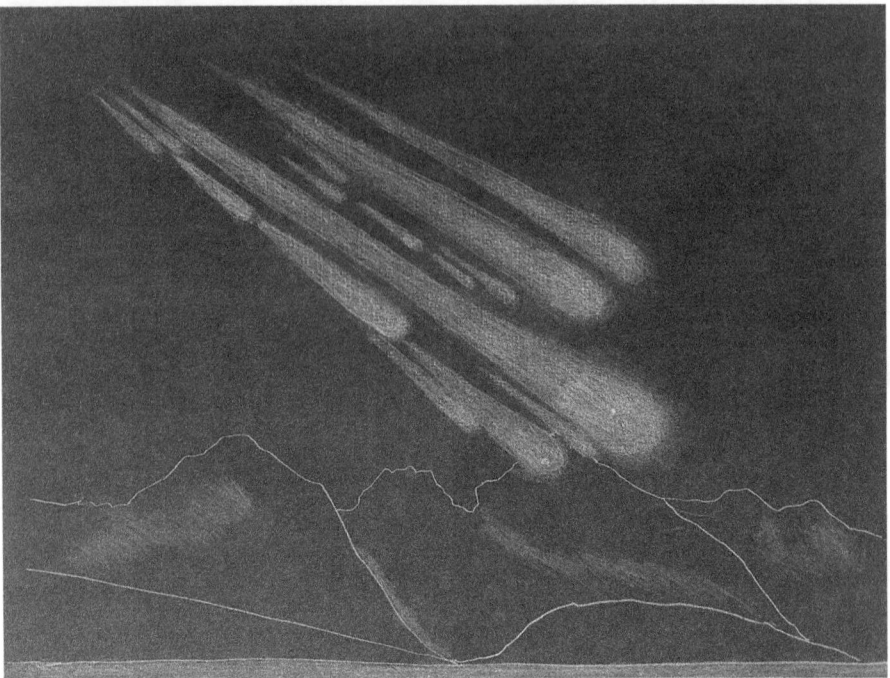

L'evento del 1908 disegnato dall'autore in base ad un originale dello studioso tedesco Bruno H. Bürger. In effetti secondo diverse testimonianze concordanti si ebbe una frammentazione del corpo celeste

scia di fumo che nelle località situate sulla verticale della traiettoria apparve come un'immensa colonna verticale.

Alla fattoria Vanavara, a 60 km dal luogo dell'esplosione, il contadino Semonov raccontò che era all'esterno della propria abitazione quando vide un intensissimo bagliore e, mentre si proteggeva gli occhi, avvertì una vampata di calore da quasi bruciargli gli abiti addosso. Subito dopo un terribile colpo d'aria lo scaraventò a terra stordito e quando, dopo pochi secondi, riprese piena coscienza, sentì una fortissima esplosione. Inoltre, disse: "Un tuono fortissimo mi scosse; tutte le case della fattoria vibrarono, i vetri vennero mandati in frantumi e le finestre furono sconnesse." Contemporaneamente, dal luogo dell'esplosione, si levarono fiamme e nuvole di fumo.

Alcuni resoconti di testimoni oculari
Ero nella veranda, vicino al mercato di Vanavara. Era l'ora di colazione e stavo guardando a nord... quando improvvisamente il cielo si divise in due e in alto sulla foresta tutta la parte a settentrione sembrò coperta di fuoco. Sentii un gran calore come se la camicia avesse preso fuoco... volevo togliermi la camicia e gettarla via, ma in quel

momento ci fu uno scoppio nel cielo e si sentì uno schianto poderoso. Fui gettato a terra a circa sei metri dalla veranda e per un attimo persi conoscenza. Mia moglie corse fuori e mi trascinò nella capanna. Lo schianto fu seguito da un rumore come di pietre che cadevano dal cielo, o di cannonate. La terra tremava, e mentre giacevo al suolo mi riparai la testa per paura che le pietre mi colpissero. Quando il cielo si aprì, un vento caldo, come emesso da un cannone, soffiò da nord sulle capanne e lasciò i segni sul terreno ...

Ero nei campi ... e avevo appena attaccato un cavallo all'aratro e stavo per attaccarne un altro, quando, improvvisamente, sentii come un forte sparo alla mia destra. Mi voltai subito e vidi un oggetto allungato in fiamme che volava in cielo. La parte anteriore era più larga della coda e il colore era come fuoco di giorno. Era molto più grande del Sole, ma meno luminoso e si poteva guardarlo a occhio nudo. Dietro alle fiamme c'era una scia che sembrava polvere. Era piena di vortici e le fiamme si lasciavano dietro delle lingue blu ... Quando le fiamme sparirono si sentirono scoppi più forti delle cannonate, la terra tremò e i vetri della capanna andarono in pezzi.

Stavo lavando la lana sulla riva del fiume Kan. Improvvisamente si sentì un rumore come lo sbattere delle ali di un uccello ... e una specie di onda risalì il fiume. Dopo ci fu uno scoppio così forte che uno degli uomini finì in acqua.

Mi ero seduto a mangiare vicino all'aratro, quando sentii degli scoppi improvvisi, come fucilate. Il cavallo cadde in ginocchio. Dalla foresta a nord salì una fiammata ... Poi vidi la foresta con gli alberi piegati dal vento e pensai a un uragano. Mi aggrappai all'aratro con le mani per non essere portato via. Il vento era così forte che portò via la terra dal suolo, e poi l'uragano spinse un muro d'acqua su per l'Angara. Ho visto bene tutto perché la mia terra è in collina.

Numerosi strumenti sismici, situati a grandi distanze, come ad esempio Jena in Germania, registrarono la scossa provocata dall'urto, mentre all'Osservatorio di Potsdam, nei sobborghi di Berlino, venne registrata l'onda d'urto trasmessa dall'atmosfera. La notte successiva il cielo della Siberia e dell'Europa non divenne mai buio. Nei due giorni successivi fu tale il pulviscolo diffuso dall'esplosione, per tutta l'atmosfera, che nelle strade di Londra – a 10 mila km dal luogo dell'impatto – di notte si poté leggere il giornale alla luce diffusa. Anche alle basse latitudini, come nel Caucaso, a mezzanotte permaneva ancora una luce diffusa, sufficiente nelle notti del 30 giugno e 1° luglio a leggere il giornale. Il fenomeno continuò nelle notti successive riducendosi, però, gradualmente, fino a sparire del tutto in agosto. Le misure di trasparenza dell'atmosfera terrestre eseguite da C. G. Abbot in California nel 1908, permisero molto più tardi all'astronomo V. G. Fessenkov di scoprire che, dalla metà di luglio alla fine dell'agosto 1908, la trasparenza dell'atmosfera terrestre fu sensibilmente al disotto del normale. Ciò provava, secondo Fessenkov, che un'enorme quantità di materiale, sotto forma di polvere, fu disperso nell'atmosfera stessa al momento della caduta della meteora.

La difficile accessibilità del luogo e la scarsità di abitanti della zona, unita alla loro reticenza provocata da una specie di timore superstizioso per il fenomeno non spronarono le ricerche. L'evento era stato attribuito alla caduta di una meteorite più grossa del normale; a Pietroburgo le notizie dalla lontana Siberia avevano acquistato il sapore di dicerie esagerate di gente ignorante e superstiziosa. Così solo nel 1921, terminata la guerra civile, alcuni ricercatori iniziarono a raccogliere testimonianze. Ma, per vari motivi, tra i quali la difficile accessibilità della zona, essa venne raggiunta solo diversi anni dopo. Allora fu finalmente possibile determinare esattamente il luogo della caduta, che poté essere individuato, nel 1927, da una spedizione guidata dal mineralogista estone Leonid A. Kulik (1883–1942), dell'Accademia Sovietica delle Scienze. Furono trovati migliaia di alberi abbattuti e bruciati per un raggio di oltre 30 chilometri dalla zona in cui si era verificata l'esplosione, individuata molto bene dalle direzioni degli alberi stessi, tutte convergenti verso quel punto.

In questa zona, raggiunta dopo molti giorni di faticosa marcia attraverso la taiga gelata, la spedizione trovò una leggera depressione paludosa del diametro di circa 8 km che venne considerata come una specie di cratere centrale.

Nelle zone a nord-est e a nord-ovest furono scoperte moltissime buche tutte riempite d'acqua e di diametro compreso fra circa 5 e 30 metri, che Kulik attribuì ad altrettanti crateri di origine meteorica provocati da frammenti di materiale staccatisi dal corpo principale. Dopo due settimane di permanenza dovette tornare indietro per l'esaurimento degli approvvigionamenti, ma subito Kulik si mise all'opera per organizzare altre spedizioni il cui principale scopo doveva essere quello di ritrovare il materiale meteorico in fondo ai crateri minori e nella zona epicentrale della tundra. L'insieme di queste ricerche, effettuate nel 1928, 1929 e 1930, condusse a diverse scoperte e, prima di tutto, a una che nessuno si aspettava: né Kulik né altri trovarono mai traccia di grossi frammenti meteorici o del corpo principale. Le cavità trovate nella prima spedizione, piene d'acqua e coperte da muschi, si rivelarono formarsi spontaneamente nei mesi estivi e si poté constatare che nessuna di esse conteneva materiale meteoritico. Il meteorite doveva essersi polverizzato esplodendo nell'atmosfera. Intanto, le ricerche, compiute anche attraverso ispezioni aeree, mostrarono che l'area di caduta non era circolare ma ellittica, con l'asse maggiore dell'ellisse orientato secondo la direzione della traiettoria. Inoltre venne notata la presenza di molto materiale meteoritico fine, disperso su un'area fino a 60–70 km a nord-ovest.

Dall'effetto distruttivo, l'energia sviluppata è stata stimata fra 2 e 20 megaton e la massa dell'oggetto tra 100 mila e un milione di tonnellate. Cominciò così a farsi sempre più strada una nuova ipotesi, già avanzata intorno al 1930 da F. L. Whipple. Per confermarla o smentirla, nel 1962 venne effettuata una

Tunguska. Una parte della foresta abbattuta. Da "Orione", n. 3/1988. Cortesia Il Castello

Tunguska: la presumibile zona direttamente al di sotto dell'esplosione, la leggera depressione paludosa chiamata "la palude meridionale". Da "Orione", n. 3/1988. Cortesia Il Castello

nuova spedizione, guidata da K. P. Florensky, con l'intento di prelevare campioni del materiale meteorico fine e di stabilirne l'origine. L'ipotesi si rivelò corretta poiché i risultati di quest'ultima spedizione apparvero indicare che il 30 giugno 1908 la Terra era stata colpita da una cometa! Beninteso, non una grande come la Halley e neppure "piccola" come la Hyakutake ma ancora più piccola, con un nucleo dal diametro di alcune centinaia di metri. Secondo altri, più che di una cometa si sarebbe trattato di un frammento di cometa. In questo caso la cometa genitrice sarebbe stata individuata in quella di Encke. La coesione nel conglomerato costituente il nucleo di una cometa è infatti abbastanza debole da consentire una rapida disintegrazione in aria già ad alta quota. In effetti una cometa presenta un grande rapporto superficie/massa ed è in grado di sviluppare un'immensa quantità di energia cinetica che può provocare un fortissimo evento esplosivo senza l'impatto al suolo. Questo fa sì che le distruzioni siano causate essenzialmente dall'onda d'urto atmosferica e dall'onda termica. Le ultime ricerche in loco, tra le quali alcune dovute a spedizioni italiane, e le recenti scoperte di numerosi asteroidi del tipo Apollo, hanno dato maggior peso all'ipotesi che l'oggetto Tunguska fosse stato una piccola cometa o un frammento di una maggiore. Così, l'esplosione siberiana del 1908 sarebbe stata, e si spera per molto tempo a venire, la prima collisione osservata fra la Terra ed una cometa.

Come spesso si verifica in questi casi, non mancarono spiegazioni fantasiose, come quella secondo la quale il fenomeno sarebbe stato provocato da un blocco di antimateria, annichilatosi al contatto con la materia ordinaria della Terra e scomparso in una vampata di raggi gamma. Ma l'assenza di radioattività nel luogo dell'impatto non dà alcun sostegno a questa spiegazione. Vi è poi la versione del minibuco nero, che avrebbe attraversato la Terra entrando nella Siberia e uscendo da un'altra parte. Ma non sono state registrate onde d'urto atmosferico dell'uscita. Comunque la spiegazione alternativa più fantasiosa è quella della nave spaziale aliena, che, per un guasto, venne a schiantarsi in questa regione della Terra! Ma nel luogo dell'impatto non è stata rinvenuta alcuna traccia di una tale astronave...

L'evento Tunguska ci fa riflettere sul fatto che, come si è verificato nel passato, un evento del genere possa avvenire in futuro; c'è solo da augurarsi che questo avvenga il più lontano possibile nel tempo. A dimostrazione del fatto che sussista il rischio di un impatto di questo tipo vi è quello spettacolare che fu osservato nel luglio 1994, quando la cometa Shoemaker-Levy 9, frammentata dal potente campo gravitazionale di Giove, cadde su quel pianeta gigante.

È stato fatto notare che se un impatto come quello del 30 giugno 1908 si verificasse oggi, nel panico del momento potrebbe venire scambiato per un'esplosione nucleare. L'impatto della cometa e la conseguente palla di fuoco potrebbe simulare un'esplosione nucleare da un megaton, forse anche inclusa la nube a fungo, con due eccezioni: l'assenza di radiazione gamma e la ricaduta radioattiva.

Ma, tra le comete conosciute, qualcuna potrebbe impattare il nostro pianeta? La risposta è, purtroppo, sì.

Questo rischio è stato messo in evidenza negli Anni 90 del secolo scorso da uno dei massimi esperti di comete del XX secolo che abbiamo ricordato più volte: Brian G. Marsden.

Come è noto, dal 10 al 14 agosto vi è la famosa pioggia di stelle cadenti chiamate Perseidi, in quanto si vedono scaturire dalla costellazione di Perseo. Come ebbe a dimostrare nel XIX secolo il nostro grande Giovanni V. Schiaparelli, queste meteore sono causate dal materiale disperso dalla cometa Swift-Tuttle. In quei giorni la Terra, nel suo moto orbitale intorno al Sole, attraversa l'orbita della cometa e "raccoglie" le particelle della cometa sparse lungo l'orbita. Questo fenomeno dà luogo al bello spettacolo noto come "Lacrime di san Lorenzo". Però può verificarsi che la Terra attraversi quest'orbita cometaria *mentre vi sta passando la cometa stessa*! Marsden ha messo in evidenza che questo evento potrebbe verificarsi nel 2126, ponendosi la domanda se il

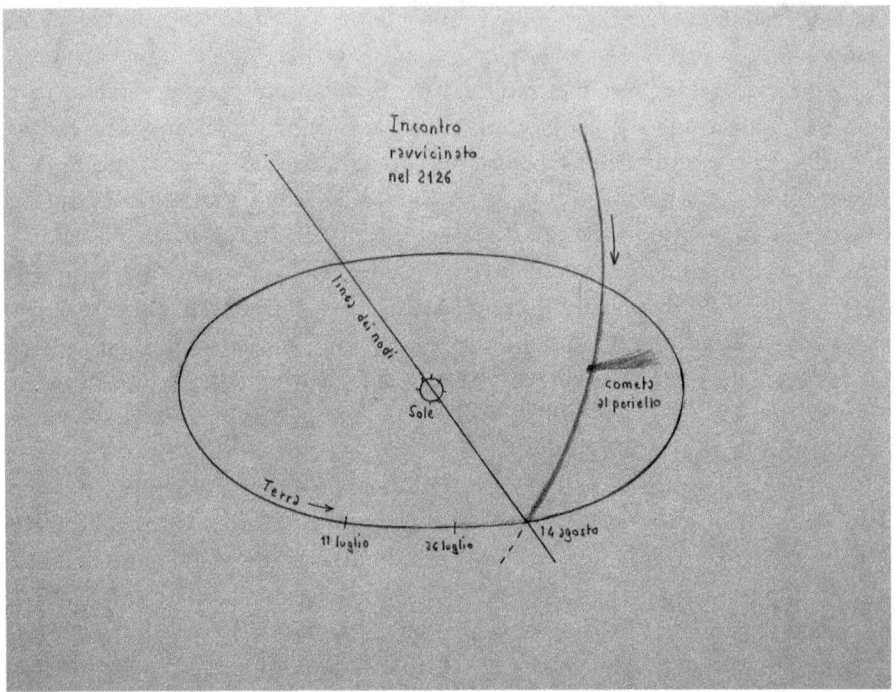

Geometria dei percorsi della cometa Swift-Tuttle e della Terra nel 2126, quando sussiste il rischio (anche se molto improbabile) di un impatto con la Terra. Disegno dell'autore

14 agosto di quella data potrebbe esserci il rischio della fine del mondo (intesa come fine dell'umanità, non del pianeta).

In base alle nostre conoscenze sussiste una piccola ma non del tutto trascurabile possibilità che la cometa Swift-Tuttle, la "madre" di tutte le Perseidi, quel giorno potrebbe urtare la Terra. L'entità delle conseguenze di un impatto dipende dalle dimensioni e dalla densità del nucleo cometario che non conosciamo, ma che se fossero consistenti potrebbe portare ad uno scenario da "inverno nucleare".

Questa minacciosa cometa venne scoperta indipendentemente nel luglio 1862 da almeno sei astronomi situati negli Stati Uniti e in Europa. Nel passaggio al perielio del 23 agosto di quell'anno l'apparizione fu favorevole; la cometa divenne luminosa come la stella Polare, esibendo una coda lunga 30° e passò a circa 80 milioni di km dalla Terra circa una settimana dopo. Prese il nome dei primi due scopritori, Swift e Tuttle e quindi si mosse rapidamente verso sud; si riuscì a seguire fino al 27 ottobre. Diverse determinazioni indipendenti della sua orbita portarono ad un periodo di rivoluzione di 120 anni.

C'è sempre stato un particolare fervore nel predire il ritorno di una cometa, al di là del fatto che essa potrebbe impattare la Terra. Già nel 1973 Marsden scrisse che il passaggio precedente a quello della scoperta avvenne nel 1748 e quello seguente nel 1981, con un'incertezza massima di 2 anni in entrambi i casi. Molti astronomi sia professionisti che dilettanti scrutarono il cielo negli Anni 80, ma senza risultati. Comunque, come Marsden fece presente nel suo articolo, vi erano due aspetti da considerare. Uno fu che le misure della declinazione eseguite nel 1862 all'Osservatorio del Capo, in Sud Africa durante l'ultima settimana in cui la cometa venne osservata sembravano essere sistematicamente sbagliate di 10 secondi d'arco. L'altro era che sembrava non esserci nessun precedente avvistamento di questa brillante cometa intorno al 1748 o nei secoli precedenti. Vi era un candidato nel 1737, ma esso appariva in anticipo di diversi anni per corrispondere alle osservazioni del 1862. Ciò non di meno, la cometa del 1737 era piuttosto intrigante. Ignatius Kegler, un missionario in Cina, la scoprì ad occhio nudo e fece delle stime approssimate della sua posizione nella settimana seguente. Queste osservazioni non vennero pubblicate prima del 1810, quando il barone von Zach le incluse nel suo *Monatliche Correspondenz*. Il calcolo dell'orbita effettuato subito dopo e nel 1874 non mostrava una somiglianza con quella della Swift-Tuttle. Ma in una lettera inviata a *The Observatory* l'astronomo inglese William T. Lynn scrisse: "Il periodo della terza cometa del 1862 ... è probabilmente di circa 125 anni; è possibile che la seconda cometa del 1737 possa essere identificata con questa, ma l'orbita di quest'ultima ... è molto incerta."

Nel suo articolo del 1973 Marsden evidenziò che vi era un errore sistematico fino a 1° nelle osservazioni della cometa di Kegler e che la sua orbita avrebbe potuto corrispondere a quella della Swift-Tuttle assumendo che essa fosse passata al perielio il 5 giugno 1737. Ciò nonostante, per far corrispondere le osservazioni del 1862 occorreva ipotizzare che la cometa fosse stata soggetta a una forza non gravitazionale straordinariamente grande. Tale forza è causata dalla vaporizzazione del ghiaccio.

Lo spostamento a ritroso di 11 anni dal 1748 significava che il prossimo ritorno della cometa sarebbe avvenuto più in là di 11 anni dopo il 1981. Con queste premesse, Marsden predisse il prossimo passaggio al perielio per il 25 novembre 1992, affermando: "se la cometa non viene trovata prima della fine del 1983 sarà opportuno pensare a cercarla nel 1992 e allora noi dovremmo saperne di più sulle forze non gravitazionali delle comete, cosa che renderà possibile fare previsioni più accurate." Nonostante che Marsden fosse un'autorità, ad un meeting dell'Unione Astronomica Internazionale, tenuto il 31 luglio 1991, diversi suoi colleghi non erano convinti della sua previsione; erano più propensi a credere che la cometa fosse passata inosservata perché indebolita rispetto al 1862. Ma, solo 12 giorni dopo, astronomi giapponesi riportarono un'intensa pioggia di Perseidi circa 2–3 ore dopo che la Terra aveva attraversato l'orbita della cometa. Questa era la maggiore attività delle Perseidi dal 1863. E tale intensità venne confermata da radioamatori statunitensi che regolarmente utilizzano le tracce delle meteore nella ionosfera per migliorare le comunicazioni radio. Essi dissero che l'attività delle Perseidi nel 1991 fu seconda solo alla tempesta delle Leonidi del 1966. Questo indicava che la cometa stava tornando! Ma la data indicata del perielio – 25 novembre 1992 – non poteva essere precisa; l'indeterminazione era nell'ordine dei due mesi, sia prima che dopo. Se la predizione era corretta, alla fine del 1991 la Swift-Tuttle avrebbe dovuto essere a 5 unità astronomiche dal Sole, ovvero circa alla distanza di Giove. E se fosse stata sufficientemente brillante, avrebbe potuto essere riscoperta con un grande telescopio a campo esteso (di tipo Schmidt), in modo da riprenderla anche se in posizione un po' diversa da quella prevista. A questo proposito vennero condotte due ricerche, fino ad una magnitudine limite di 19, ma non ebbero successo.

A dispetto del fastidio provocato dalla luce lunare, il picco delle Perseidi nel 1992 fu tanto intenso quanto quello del 1991. Di nuovo, la sua intensità fu confermata dai radioamatori. La coincidenza del picco delle Perseidi con il tempo in cui la Terra attraversò il piano dell'orbita della cometa era ora quasi esatto. Tenendo conto di queste piogge, Marsden fece un nuovo calcolo, ignorando le forze non gravitazionali ma considerando le perturbazioni dovute ai pianeti interni, così venne fuori come nuova data del perielio: l'11 dicembre 1992. Egli non pubblicò questo suo nuovo lavoro; si limitò ad inviarlo ad alcuni osservatori giapponesi, incitandoli a continuare le loro ricerche.

Infine, la sera del 26 settembre 1992 un appassionato giapponese, Tsuruhiko Kiuchi, la individuò nell'Orsa Maggiore come una macchia nebbiosa di magnitudine 11,5. Osservando la posizione e il moto della cometa Marsden fu in grado di predire le date dei futuri passaggi al perielio: 11 luglio 2126 e 14 agosto 2261. Due ritorni in cui la cometa passerà vicinissima alla Terra. Ma, di fatto, un incontro o l'altro potrebbe essere *troppo* vicino. A causa dell'impossibilità di prevedere i moti dovuti alle forze non gravitazionali, non sappiamo di quanto possano essere errate le date indicate. Le previsioni di Marsden per il 2126, come per il 1992, potrebbero avere l'errore di un giorno e quindi non ci sarebbe da preoccuparsi. Ma se il perielio dovesse aver luogo il 26 luglio 2126, allora la cometa potrebbe impattare la Terra 19 giorni dopo! La possibilità di uno scontro fortunatamente è remota, ma, purtroppo, non nulla. Con un diametro del nucleo che ora conosciamo essere di circa 8 km, la cometa Swift-Tuttle è l'oggetto più grande tra quelli noti la cui orbita interseca quella della Terra. Inoltre, a causa dell'alta inclinazione orbitale (113°) il senso del suo moto è opposto a quello della Terra, per cui le due velocità si sommano; un impatto si verificherebbe con una velocità di oltre 200 mila km all'ora!

Gli impatti cometari sono anche una delle spiegazioni che sono state invocate per spiegare gli improvvisi e intensi lampi di raggi X e gamma da vari satelliti dedicati all'osservazione del cielo alle alte energie. Da quando i satelliti statunitense Vela (messi in orbita per scoprire eventuali raggi gamma provenienti da esplosioni di armi nucleari sovietiche) scoprirono nel 1967 il primo di questi "lampi", di questi eventi ne sono stati registrati moltissimi. Ma, quando si è riusciti a localizzarli (cosa che non è stata facile), non è stato inizialmente possibile associarli con soggetti astronomici conosciuti e la loro origine è rimasta misteriosa fino praticamente all'inizio del nostro secolo. Così, sottovalutandone la distanza, due ricercatori sovietici, tra cui R. Sagdeev, responsabile della missione Vega verso la cometa di Halley, all'inizio degli Anni 90 suggerirono che queste improvvise emissioni di raggi X e gamma sarebbero state il risultato di un "corto circuito" provocato dalla caduta di comete nell'intensissimo campo magnetico di una stella di neutroni, un oggetto estremamente denso (oltre 200 milioni di tonnellate per centimetro cubo!), ciò che rimane dell'esplosione di una stella massiccia. Comunque, già allora l'idea dei due ricercatori sovietici non era del tutto originale. Infatti l'impatto diretto, la cattura o il passaggio di comete in prossimità di una stella di neutroni erano ipotesi dibattute dagli Anni 80 come causa per poter spiegare l'emissione di lampi di radiazione a così alta energia. Ma queste possibili spiegazioni del fenomeno erano state via via abbandonate poiché la probabilità di interazione tra una cometa ed una stella di neutroni era risultata troppo bassa per poter giustificare il numero crescente di eventi osservati. Ma i due autori poterono rivedere queste conclusioni basandosi sui risultati ottenuti dalle osservazioni della cometa di Halley effettuate da diverse sonde, tra le quali la sovietica Vega. Il nucleo cometario contrariamente alle previsioni era infatti apparso estremamente scuro (riflettendo soltanto il 3% della luce ricevuta dal Sole), per cui le comete risultano di difficile osservazione e quindi in realtà devono essere molto più numerose di quanto precedentemente supposto. Così, come risultato dei calcoli da loro effettuati, la quantità di comete presenti nel mezzo interstellare o in nubi circumstellari, simili a quella prevista da Oort attorno al nostro sistema planetario, avrebbe potuto spiegare il numero e la frequenza dei "flash" di raggi X e gamma osservati. Ma già allora questa ipotesi non spiegava diverse caratteristiche che erano state riscontrate nei vari eventi osservati. Ora sappiamo che questi eventi si verificano a distanze enormi e che la causa è la fusione di due stelle di neutroni o di una stella di neutroni con un buco nero o – ancora – dal collasso gravitazionale di una stella massiccia che dà luogo ad una magnetar (stella di neutroni dal campo magnetico intensissimo).

Personaggi importanti nel campo delle comete

Brahe, Tycho	1546–1601	Danese
Cassini, Giandomenico	1625–1712	Italiano
Copernico, Niccolò	1473–1543	Polacco
Donati, Giovanni Battista	1826–1873	Italiano
Galilei, Galileo	1564–1642	Italiano
Halley, Edmond	1656–1742	Inglese
Herschel, Caroline	1750–1848	Tedesca-Inglese
Huygens, Christiaan	1629–1695	Olandese
Keplero, Johann	1571–1630	Tedesco
Kuiper, Gerard	1905–1973	Olandese-Americano
Marsden, Brian	1937–2010	Inglese-Americano
Messier, Charles	1730–1817	Francese
Newton, Sir Isaac	1642–1727	Inglese
Oort, Jan	1900–1992	Olandese
Pons, Jean-Louis	1761–1831	Francese
Schiaparelli, Giovanni	1835–1910	Italiano
Secchi, Angelo	1818–1878	Italiano
Tolomeo, Claudio	100–170	Greco
Tuttle, Horace	1837–1923	Americano
Whipple, Fred	1906–2004	Americano

Bibliografia

- Bianucci P., "Caccia al meteorite", Ed. Scienza, 1994, Trieste
- Brand J. C., Chapman R. D., "Introduction to Comets", Cambridge University Press, 1981, Cambridge (UK)
- Carbognani A., "Un cielo pieno di comete", Ed. Gruppo B Editore, 2014, Milano
- Cossard G., Ferreri W., "Comete", Musumeci, 1997, Aosta
- De Meis S., Manara A., "La cometa di Halley", Il Castello, 1985, Milano
- Distefano F., "Inseguendo Eclissi e Comete", Ed. Pintore, 2005, Torino
- Herrera M. A., Fierro J., "El cometa Halley", Edicion San Marco, 1986, Tlalpan (Mexico)
- Ley W., "Visitors from far", McGraw-Hill, 1969, New York
- Maffei P., "La cometa di Halley", Mondadori, 1984, Milano
- Mattern J., "Comets", North Star Editions, 2022, Minnesota
- Moore P., "The Comets", Keith Reid, 1973, Devon
- Rigutti M., "Comete", Rizzoli, 1984, Milano
- Richter N. B., "The Nature of Comets", Methuen and Co., 1963, London
- Tempesti P., "I segreti delle comete", Curcio, 1984, Roma
- Zambello S., Zanella S., "Cometario", Nomos Edizioni, 2022, Busto Arsizio (Va)

Oggigiorno, oltre ai classici libri, sulle comete è reperibile un'enorme quantità di informazioni sulla rete, ad iniziare dalla nota enciclopedia Wikipedia. È sufficiente digitare "comete" per vedere apparire una grande quantità di siti. Inoltre – e qui è dove la rete è maggiormente utile – si possono avere informazioni sulle comete visibili al momento. Si chiede in tal caso quali comete siano visibili nel periodo richiesto.

Glossario

Aberrazione della luce Fenomeno a causa del quale gli astri si presentano in posizione leggermente differente da quella reale. È causato principalmente dal movimento orbitale della Terra intorno al Sole.

Afelio Punto di un'orbita più lontano dal Sole. Se il riferimento è la Terra si parla di apogeo, se è un astro senza ulteriori specificazioni, di apastro.

Agitazione termica La temperatura di un corpo è data dal grado di agitazione delle sue particelle. Più queste si muovono, maggiore è la sua temperatura. Se esse sono ferme, cioè se non presentano alcuna agitazione, si ha la temperatura più bassa possibile in natura, quella che corrisponde allo zero assoluto o 273,16° sotto zero nella scala Celsius, quella usata in Italia.

Albedo Il rapporto tra la luce riflessa e quella ricevuta. Ad esempio, albedo del 10% significa che viene riflesso un decimo della luce ricevuta.

Almucantar (o almucantarat) Così è chiamato un cerchio di altezza sulla sfera celeste.

Altazimutale Un sistema di misura di posizione dei corpi celesti che come coordinate utilizza l'azimut e l'altezza.

Altezza Distanza angolare di un corpo celeste sull'orizzonte. L'altezza sulla verticale passante per l'osservatore (zenit) è 90°; all'orizzonte l'altezza è 0°.

Anno-luce È lo spazio percorso dalla luce o più in generale dalla radiazione elettromagnetica in un anno. Questa distanza corrisponde a 9.461 miliardi di km.

Anticoda Coda rivolta verso il Sole per un effetto di proiezione talvolta visibile quando la Terra attraversa il piano orbitale della cometa; questo fa sì che una parte della coda cometaria appaia puntare verso il Sole.

Apastro Vedi afelio.

Apogeo Vedi afelio.

Arturo Con la sua magnitudine 0 risulta la stella più brillante dell'emisfero boreale. Per questo motivo è spesso presa come paragone per indicare la brillantezza delle comete più appariscenti.

Ascensione Retta Distanza espressa in ore e minuti o in valore angolare (un'ora = 15°) misurata sull'equatore celeste a partire dal punto Vernale (da Ver, primavera) o Punto gamma verso est. Ovvero, il suo punto zero è dove viene a trovarsi il Sole all'inizio della primavera (equinozio primaverile). È, sul cielo, l'analoga alla longitudine sulla Terra. Questa coordinata celeste normalmente si indica con AR, come anche in questo libro.

Asterisma Figura composta da un gruppo di stelle. Per "asterisma" si intende in genere una parte di una costellazione. Ad esempio, è un asterisma la figura della falce che formano le stelle della parte anteriore del Leone.

Azimut La coordinata misurata lungo l'orizzonte; in astronomia generalmente da nord verso est, così che a nord l'azimut vale 0°, a est 90°, a sud 180° e ad ovest 270°.

Bande molecolari di Swan Si tratta di bande nello spettro dovute alla molecola del carbonio, che – quando eccitata – emette tutta una serie di righe di radiazione elettromagnetica. In onore del fisico scozzese William Swan che le studiò nel 1856.

Cerchi di almucantar Vedi Almucantar.

Chioma L'inviluppo di gas e polveri che avvolge il nucleo di una cometa. È prodotta dal materiale che si stacca dal nucleo a causa del riscaldamento solare. A differenza delle piccole dimensioni del nucleo, la chioma raggiunge normalmente diametri sulle decine di migliaia di chilometri.

Circumpolare Dicesi di astro che è così prossimo ad un polo celeste da non tramontare mai, ma che quasi sempre cessa d'essere visibile per il sopraggiungere della luce del giorno, come per noi dall'Italia la Stella Polare.

Coda È la parte più caratteristica di una cometa. In genere si forma quando la distanza dal Sole arriva alle due unità astronomiche o meno. È causata dal vento solare e dalla pressione di radiazione solare che spingono indietro il materiale della chioma. Per questo le code sono sempre in direzione opposta al Sole.

Coda antisolare Coda che si manifesta dal nucleo della cometa verso il Sole. In realtà è soltanto un'apparenza dovuta a particolari posizioni che la cometa può assumere in riferimento al Sole e alla Terra.

Coda di ioni Tipo di coda che si forma quando le molecole emesse dal nucleo sono ionizzate dalla luce solare e trascinate lontano lungo le linee del campo magnetico trasportato dal vento solare.

Coda di plasma Sinonimo di coda di ioni.

Coda di polvere È quella formata dalle particelle di polvere che abbandonano il nucleo della cometa durante la sublimazione dei ghiacci.

Cometa a breve periodo Cometa con un periodo orbitale inferiore ai 200 anni, con afelio nella regione delle orbite dei pianeti giganti o poco oltre.

Cometa a lungo periodo Cometa con un periodo orbitale superiore ai 200 anni, con afelio a grandissima distanza dal Sole e spesso con orbita molto inclinata rispetto a quelle dei pianeti.

Costellazione Raggruppamento arbitrario di stelle che agli antichi ricordavano una figura di persona, animale o cosa. Le stelle di una stessa costellazione non sono necessariamente vicine tra di esse. L'intera volta celeste è suddivisa in 88 costellazioni.

Culminazione Istante in cui un astro raggiunge la sua massima altezza sopra l'orizzonte. A rigore vi sono due culminazioni: superiore e inferiore. In assenza di ulteriori precisazioni si intende quella superiore, quando, appunto, l'astro è nella sua posizione più alta.

Declinazione Distanza angolare misurata a partire dall'equatore celeste o verso nord o verso sud. Sull'equatore celeste vale 0°, al polo celeste nord +90°; al polo celeste sud −90°. È, sul cielo, la coordinata analoga alla latitudine terrestre. Normalmente si abbrevia in Dec.

Diametro angolare Il diametro espresso in base all'angolo che l'oggetto ci sottende. In astronomia si usano i gradi sessagesimali, ovvero l'angolo giro è suddiviso in 360 gradi (°) e quindi la distanza angolare fra l'orizzonte e lo zenit è di 90°. Il palmo della nostra mano visto alla distanza del braccio ci sottende un angolo di 20°, la larghezza del pollice di 2°, quella del mignolo di 1°, il Sole e la Luna di $\frac{1}{2}$°. Da questo evince – incredibile ma vero – che tenendo la mano alla distanza del braccio, con il mignolo copriamo abbondantemente il disco di questi astri. Ogni grado viene poi suddiviso in 60 primi (′) e ogni primo in 60 secondi (″). Quindi un grado comprende 3600″. Ogni qual volta sussiste il rischio di confonderli con quelli di tempo si specifica "primi o secondi d'arco".

Eccentricità In un'orbita la distanza di uno dei due fuochi dal centro dell'orbita come frazione del semiasse maggiore (posto uguale all'unità), con valore massimo che per un'ellisse tende a 1. Se viene raggiunto il valore di 1 allora l'orbita è parabolica; con valore superiore a 1 l'orbita è iperbolica. In una circonferenza l'eccentricità vale 0. In un linguaggio più semplice, si può definire lo "schiacciamento" dell'ellisse.

Eclisse anulare È un tipo di eclisse solare che si verifica quando la Luna è troppo lontana per coprire tutto il disco del Sole. In quel caso viene lasciato scoperto il bordo solare, che appare come un anello brillante e sottile.

Eclittica Il percorso apparente del Sole e, all'incirca, della Luna e dei pianeti. Il nome deriva dal fatto che le eclissi hanno luogo quando la Luna nuova o piena si trova su questa linea o molto prossima ad essa.

Effemeridi Le posizioni calcolate dei punti del cielo in cui vengono a trovarsi gli astri.

Equatore celeste La proiezione, sulla sfera celeste, dell'equatore terrestre.

Equatoriale (strumento) Strumento che ha come riferimento l'equatore celeste.

Equinozi Gli istanti in cui il Sole viene a trovarsi sull'equatore celeste e questo si verifica di norma il 20–21 marzo (equinozio di primavera) e il 23 settembre (equinozio d'autunno).

Fascia eclitticale La regione di cielo che si estende per 8–10° a nord e a sud dell'eclittica.

Fluorescenza L'emissione di luce a una lunghezza d'onda maggiore di quella a cui è avvenuto l'assorbimento, ad opera di atomi, molecole o ioni.

Forze non gravitazionali Forze che alterano l'orbita cometaria non riconducibili ad effetti gravitazionali. In genere si tratta di forze del tipo "effetto razzo" operanti nel nucleo.

Fotopolarimetro Strumento che fotografa immagini di luce polarizzata. Si parla invece di polarimetro se ci si riferisce ad uno strumento che consente di vedere (e misurare) questa luce direttamente con l'occhio.

Fraunhofer (linee di) Le linee che appaiono in uno spettro per la presenza di elementi che emettono o assorbono luce. Grazie ad esse è possibile identificare quali sostanze siano presenti nei corpi celesti.

Goccia nera Fenomeno ottico a causa del quale quando i piccoli e nerissimi dischi dei pianeti interni Mercurio e Venere si approssimano a divenire tangenti al bordo solare paiono attaccarsi ad esso tramite un peduncolo scuro. Questo effetto rende difficile determinare con precisione l'istante della tangenza.

Inclinazione (dell'orbita) L'inclinazione che l'orbita di un corpo celeste come una cometa forma con il piano di quella della Terra, cioè con l'eclittica. Quando il valore supera i 90° l'orbita diventa retrograda, ovvero viene percorsa nel senso inverso a quello che compie la Terra.

Involucro di idrogeno Nube di idrogeno atomico molto estesa che circonda la testa di una cometa. Visibile solo in luce ultravioletta.

Ione Atomo o molecola a cui siano state sottratte o aggiunte una o più cariche elettriche. La radiazione ultravioletta del Sole è la principale responsabile della ionizzazione della materia cometaria.

Magnitudine È il termine che indica la luminosità di un astro. A titolo di esempio, il Sole ha magnitudine −26,7 una candela internazionale a 1 metro −14, la Luna piena −12,7 e le più piccole stelle visibili ad occhio nudo +6. Oggi i più grandi telescopi del mondo permettono di arrivare alla magnitudine 30, un valore inconcepibile fino a pochi decenni addietro. Spesso lo si indica con "m".

Momento angolare Proprietà proporzionale al prodotto della velocità per la distanza dal centro di rotazione. Poiché in un sistema chiuso come il sistema solare il momento angolare si conserva, se la distanza diminuisce la velocità aumenta, come accade, per esempio, a un pattinatore che ruotando su se stesso avvicina le braccia al corpo.

Moto retrogrado Quello nella direzione opposta a quella orbitale dei pianeti intorno al Sole.

Nucleo Il corpo solido di una cometa; quello dal quale si generano chioma e code. Tipicamente i nuclei cometari hanno dimensioni comprese fra 1 e 10 km.

Opposizione (In assenza di precisazioni si intende rispetto al Sole). Si ha quando dalla Terra l'astro è visto in direzione opposta al Sole. È il periodo migliore per osservarlo.

Orbita Percorso descritto da un corpo celeste attorno al suo centro di attrazione. Generalmente è una ellisse più o meno eccentrica.

Parallasse È lo spostamento rispetto allo sfondo che appare quando si guarda un oggetto da due punti di vista differenti. Ad esempio, guardando un nostro dito alla distanza del braccio con l'occhio sinistro si vede in un certo punto di una stanza; con l'occhio destro in una posizione un po' differente. Nel caso degli astri questo spostamento è molto piccolo e spesso difficile da misurare, cioè evanescente.

Periastro Vedi perielio.

Perielio Punto di un'orbita più vicino al Sole (nel caso di altre stelle si parla di periastro; nel caso della Terra di perigeo).
Perigeo Vedi perielio.
Periodo siderale Tempo richiesto (nel caso del sistema solare) ad un pianeta o ad una cometa per compiere un'orbita intorno al Sole.
Periodo sinodico Intervallo di tempo perché il pianeta o la cometa si ripresenti nella stessa posizione rispetto alla Terra.
Perturbazione L'effetto gravitazionale sul moto orbitale di una cometa (o di un altro oggetto) dovuto a masse diverse dal Sole.
Plasma Un "gas" di ioni positivi e negativi.
Polarimetro Strumento che misura il grado di polarizzazione della luce.
Polarizzazione Fenomeno per il quale le onde luminose si trovano in un solo piano.
Precessione degli equinozi Fenomeno dovuto al fatto che l'asse di rotazione della Terra non è fisso ma ruota. Una delle conseguenze è la variazione delle posizioni delle costellazioni. Una rotazione completa avviene in circa 26 mila anni.
Pressione di radiazione Spinta esercitata dalla radiazione elettromagnetica (raggi X, ultravioletto, luce visibile, infrarosso, onde radio).
Sistema caudale La disposizione e l'apparenza della coda o delle code.
Spettro La striscia luminosa che si ottiene facendo passare la luce di un astro in un prisma o un reticolo. Quasi sempre questa striscia presenta delle linee (sia luminose che scure); esse indicano la presenza di certi elementi. Grazie agli spettri è possibile avere molte informazioni: di quali sostanze è composto l'astro, in quali condizioni si trovano, ecc.
Sublimazione Passaggio diretto dallo stato solido a quello gassoso.
Sublunare Con questo termine si intende lo spazio tra la Terra e la Luna. Quando gli antichi parlavano di "sublunare" intendevano al di sotto, cioè più vicino della Luna.
Telescopio tipo Newton Un telescopio che utilizza lo schema ottico ideato da Isaac Newton, ovvero che utilizza come obiettivo uno specchio grande ed uno piccolo per portare l'immagine a 90° fuori dal tubo.
Testa Quando si parla di comete, s'intende l'insieme del nucleo e della chioma.
Transito Fenomeno che consiste nel passaggio di un corpo celeste davanti ad un altro. I più noti sono quelli dei pianeti interni Mercurio e Venere, quando passano davanti al Sole, proiettandosi come piccoli dischi sulla superficie solare.
UA Vedere Unità Astronomica.
Unità Astronomica (UA) Distanza media Terra-Sole, equivalente a 149,6 milioni di km (più esattamente, a 149.597.870 km). Viene impiegata principalmente come unità di misura per esprimere le distanze nell'ambito del sistema solare.
Zenit Il punto sopra la testa dell'osservatore, a 90° dall'orizzonte. La direzione opposta (e quindi verso il basso) è quella in cui si dirige un filo a piombo e si chiama Nadir.

GPSR Compliance

The European Union's (EU) General Product Safety Regulation (GPSR) is a set of rules that requires consumer products to be safe and our obligations to ensure this.

If you have any concerns about our products, you can contact us on

ProductSafety@springernature.com

In case Publisher is established outside the EU, the EU authorized representative is:

Springer Nature Customer Service Center GmbH
Europaplatz 3
69115 Heidelberg, Germany